U0922804

瑞昌祥

话说估衣街

主　　编／郭长久
　　　　　杨春堂
副 主 编／姜维群
　　　　　吴裕成
　　　　　张文静
编　　辑／赵金铭
摄　　影／张　建

BH BAIHUA 1958 EDITION

百花文艺出版社

BAIHUA LITERATURE AND ART PUBLISHING HOUSE

图书在版编目（CIP）数据

话说估衣街/郭长久主编．–天津：百花文艺出版社，2000.1（2009.9 重印）
（今晚丛书）
ISBN 7-5306-2989-1

Ⅰ．话…　Ⅱ．郭…　Ⅲ．估衣街–概况
Ⅳ．K928.702.1

中国版本图书馆 CIP 数据核字（2000）第 12115 号

百花文艺出版社出版发行
地址：天津市和平区西康路 35 号
邮编：300051
e–mail：bhpubl@ public.tpt.tj.cn
http：//www.bhpubl.com.cn
发行部电话：（022）23332651　邮购部电话：（022）27116746
全国新华书店经销
河北省三河市宏达印刷有限公司印刷
※
开本 850×1092 毫米　1/32　印张 8.5　插页 4　字数 120 千字
2000 年 1 月第 1 版　2009 年 9 月第 4 次印刷
印数：7201–10200 册　　定价：16.00 元

目录

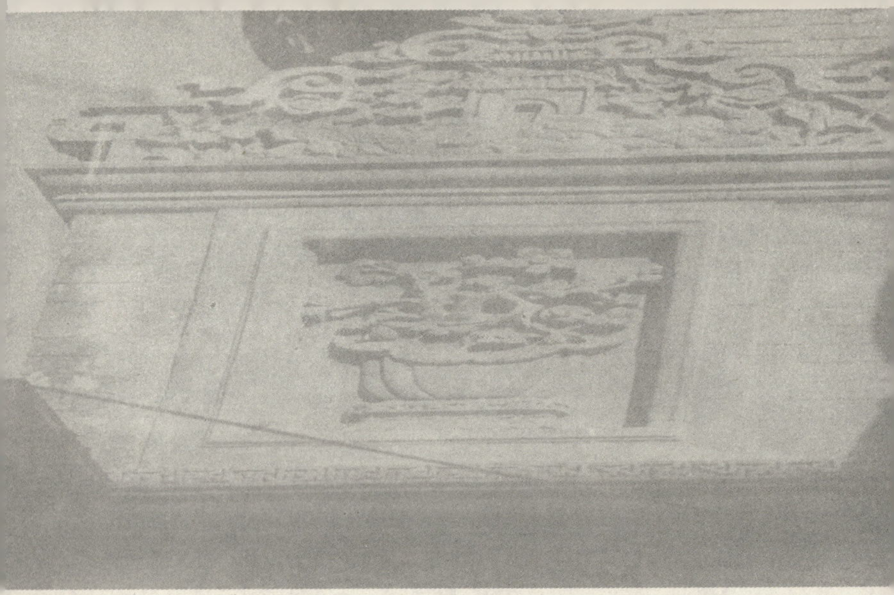

序

方玄

就在这本书即将付梓的时候，天津最后一个成片的危陋平房区——大胡同地区正在拆迁。估衣街正坐落其中，命运尚不得知。从各方面传来的消息说，许多人都主张把这条街比较完整地保留下来。《话说估衣街》逢此时出版，让人觉得别有一种滋味在心头。

估衣街作为天津这座城市的摇篮之一，老天津卫对它的感情是极为深厚的，因为它有形地记录了天津的一段历史。这段历史在天津发展的轨

迹中，曾经辉煌过。可是，在当今的年轻人中，了解、关注估衣街的人不多了。不可否认，其中一个重要原因是随着天津城市的发展，中心位移，估衣街逐渐失去了它原有的商业中心价值，被冷落了；与比肩而起的高楼大厦相比，它呈现出了衰败景象。

可是，在全世界流行现代病的今天，衰败的东西未必就没有价值。在文化、考古、历史研究等领域，有时越是旧的、残破的东西价值越高，关键在于你是否认识到了它的价值。冯骥才先生在《老街的意义》这篇文章中，介绍了开罗人对拥有一个老城区的自豪感。他们认为，“这才是开罗，是埃及！”是啊，要是没有金字塔，没有缺鼻子少眼的狮身人面像，没了老区，人们又从哪里去认识埃及这个世界文明古国的风采呢？还有那只剩下残垣断壁的古罗马斗兽场，在它面前，我们似乎听到奴隶们的惨叫，闻到了浓重的血腥味儿。它不就是一部历史教科书吗？

我曾到过巴黎。如果有谁说巴黎不是现代化大都市，人们只会说他无知。但要问到过巴黎的人：对这座城市印象最深的是什么？恐怕多数人都是感到这座城市的古文化味儿。乘着古董式的电梯，登上锈迹斑驳的埃菲尔铁塔，人们搜寻的是凡尔赛宫、卢浮宫、凯旋门、巴黎圣母院和塞纳河畔的座座古建筑。巴黎不是没有摩天大厦，但它集中建在离老城区不近的一个新区。正因为有巴黎老区相对应，新区也成了一个旅游景点。这一旧一新，都为巴黎创造了不菲的旅游收入。

所以，在法国人看来，把“古”全部改成“今”无异于破坏。所以，他们特别对“古”的保护。但是，把“古”和“今”人为地掺杂在一起，是不是一种上策呢？对巴黎，我唯一感到不解的是：后人为什么要给卢浮宫加了一个现代化的入口和大厅？尽管世界著名的美籍华裔建筑设计师贝聿铭的构思异常巧妙，甚至可以说是完美无瑕，但仍让人有画蛇添足之感。此后又听到传说：北京要在圆明园旧址恢复原有清代园林景观。这就更让人不解了。人们现在到圆明园，面对倾倒残破的石牌坊，不但会联想它的原貌，更会勾起对英

法联军烧杀抢掠的愤恨。没有这遭毁的牌坊，圆明园重建后无论多么漂亮，充其量不过是现代人复制的古园林艺术品而已。

天津虽然早已被列为全国历史文化名城，但和北京、南京、西安等城市相比，我们的文物古迹不多。万幸的是，这为数不多的古迹，在历次城市改造中多数已经保存下来了，其中最让人称道的当数古文化街。遗憾的是，与古文化街相对应、齐名并具有几乎同等文物价值的估衣街，命运尚在未卜中。

无论怎样，随着时间的推移，本书所提供的文字、图片会越发珍贵。

我们毕竟把估衣街的历史记录下来了（尽管是残缺不全），可以聊以自慰了。

老街的意义

冯骥才

城市是有生命的，所以我们结识了一个城市之后，总会问一问这城市的由来。有的城市没有留下童年的痕迹，它的历史仅存于空洞的文字记载中；有的却活生生地遗存至今—这便是城中的老街。

有时徜徉在村镇中，会觉得它很像一个城市的雏形。如同一只羽翼未丰的雏鸡那样，说不定百年之后会壮大和发福，长成一个膀大腰圆的城市来。村镇都是这样，一大片房子，中间有一条街，街上有店铺和作坊，有东西买，有吃有喝，这条街很重要，供应这镇上住民一切生活之必需，自然也就是为这个群落的成长而输送能源的血脉了。我这话的意思是，城市的源头是

一条街。最早的街，过后都叫做老街。

天津这城市，受益于海河水系。这无疑以码头为起点。那时四方货物都凭借着河水的运载进行流畅地交换。码头便是转运站，或称枢纽。码头首先都是吃喝不愁，东西充足，各地运来的物品全是利润极低的“源头货”。这一来，人就都聚到这儿来了。而且人聚一起，需要用品多，买卖店铺也就应运而生。店铺愈多，活计愈多。供和需互动，买和卖相生，码头便孕育出一个有血有肉的城市的胚胎。

由码头演变为城市，要比由村镇发展为城市快得多。

这胚胎的一个重要特征便是生活性的街道的出现。而且这生活性渐渐又质变为社会性。待社会形成，才好说城市开始成形。

码头靠着河，所以天津最古老的街道都在河边，与河平行。主要是两条，分列在三岔河口的一东一西。东边一条是古文化街，以前称做宫前街，由于天津先民的民间崇拜妈祖的庙宇在那里，所以那条街更多文化色彩。

西边一条是估衣街。估衣街虽然不长，但在此地百姓的生活中至关重要。在天津城市的孕育时期，它的作用就像前边说的村镇中的那条大街一样。

这条街的历史可以追溯到元明时期，当时叫做码头东街。顾名思义，表明天津远在码头阶段即已成形这么一条古街；时间距今超过六个世纪，应在天津建成之前。对于城市史来说，街道两旁的建筑会不断推陈出新，街道本身却总是老样子。倘若没有发生地区覆灭性的天灾人祸，谁也不会把一座新房子盖在街道中央的位置上来。现在，估衣街两边的建筑多是本世纪初商业大发展时期涌现出来的，但也是一座一座新楼屋渐渐插进来的，街道的模样却不改初衷，依然故我。它狭窄细长，略略弯曲，典型地属于那种自然形成的原始形态的老街。

最初，这条街只是码头上居住群落中间的一条干线，兼有购物的作用。但并无“估衣”的功能，估衣街的大名也没有出现。

一条老街总是历尽沧桑。但估衣街还算幸运。它与早期的天津共同经历了数百年的繁华。1900年以前，天津的重心在城市的东面和北面，亦即三岔河口的两边。富商大贾一半居住在城中，一半居住在北城与东城外，尤其南运河边。估衣街正好从中穿过。商埠的特征是贫富之间风云多变。一夜间的暴发和转瞬间的破败全是此地世间的波澜。于是，当铺和那种将死当的衣服贱卖给平民的估衣铺，成了天津的热门买卖。这条老街由于估衣铺集中而得名“估衣街”。但是，估衣街决不仅仅做估衣买卖。此地老字号的名店全都云集这里。如绸缎庄之谦祥益和瑞蚨祥，药店之达仁堂和乐仁堂，鞋帽店之盛聚福和同升和，瓷器店之瑞昌祥和同泰祥，糖果店之瑞鑫号，南纸局之文美斋，以及皮货、香烛、眼镜、广货、银号、颜料等等，还有饭店、戏园、澡堂、理发店掺杂其间，几乎浓缩了整个天津的商业。在它的极盛时期，大约有一二百家名店夹峙在这仅有一里长的老街上。

估衣街的繁华经历了两个高潮，一是清代中期（1800年）至庚子事变（1900年），一是从1900年至1930年。应该说第二个高潮期达到了历史上的巅峰。此时天津正由本土的商埠，急速转变为中国现代大都市。估衣街上应时出现了一批大型商店。建筑上将本地的磨砖对缝等传统技术与西式楼房结构相结合，将本地古色古香的刻砖艺术与舶来洋味十足的铁花护栏相融合，创造了非常独特又优美的民初时期的商业建筑。大概是临街的外墙高耸，装饰华美，形成一道十分新奇又气派的店面；店内两层楼，经营空间比老式的店铺大了一倍以上。应该说，这是我国本土最早的一种大型商厦。其中代表作如谦祥益保记和瑞蚨祥等，至今风姿绰约伫立在估衣街头。除去估衣街，不仅在津门—即便走遍全国也很难找到同类风格的历史精品了。

1930年以后，一个现代的商业区—劝业场商业区在天津崛起。它将一种外来的极其便利综合性的商业形式，即集购物、娱乐、餐饮和旅店为一体的商业大楼生机勃勃地带给人们。津门的商业中心遂由西北，迁至东南，也就是原法租界地区，即今滨江道一带。估衣街上的一些老店，也迁营拔寨，前来加入新的一轮竞争。这一来，估衣街便一步步移出商埠的中心位置，走向边缘，并一点点有了历史文化的价值。

今天，这条老街不仅仍旧保存那些名店，还有大量昔日的货栈、会馆、商业公所等等遗迹。近日我们在其中又发现一些记载着当年商业活动的碑刻，生动地体现了这条老街昨日的经济活力。如果再加上史逾百年的总商会遗址，这一地区应是目前我国大都市中保留最完整的系统性的一座

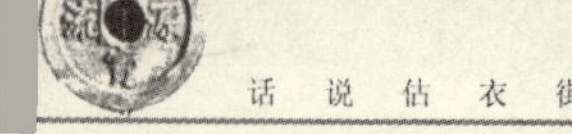

本土商业历史博物馆。对于后世，它在旅游方面肯定具有久远和持续的价值—当然，关于将老城区怎样开发为旅游区的话题，还不属于本文探讨的范畴。

一个城市可能有一条或几条老街。对于天津这种文化多元的城市来说，历史深厚的老街大致有四，一是老城中心的十字街，一是古文化街即宫前街，一是估衣街，一是解放路即旧租界中街。每条老街都有其独特内涵，相互不能替代。十字街是本土的政治与文化的核心；旧中街虽然讲究又漂亮，洋楼林立，近代史的积淀很深，但对于津门百姓来说，情感上却比较生疏；至于宫前街和估衣街，就像上海的城隍庙一带，南京的夫子庙地区、苏州的妙前街一样，都是市井生活的中心地带，与本地百姓情牵意连，难舍难分。

一个城市的街道，倘从高天俯瞰，宛如一株大树成百上千条的根须。城市愈大，其根愈茂；这根须其中有几根最长最长的，便是这城市的老街。它与城市的历史一样漫长而悠远。它深深扎在这城市厚厚的历史文化的土壤里，也就是深深扎在这城市人们的心里。这街上的风雨，人们曾与之一起经受；人世间的苦乐悲欢，它也是无言的见证。人们不断地丰富它的故事，反过来它又施惠于人们—从古到今！从物质到精神！人们从老街可以找到的往日的东西真是太多了。故而，一个城市由于有了几条老街，便会有一种自我的历史之厚重、经验之独有、以及一种丰富感和深切的乡恋；它是个实实在在的巨大的历史存在，即是珍贵的物质存在，更是无以替代的精神情感的存在，这便是老街的意义。

如果哪个城市还有条老街，那就是拥有一件传家宝！

今天的辉煌是一种实力，昨日的辉煌才是一种文化。

1996年我在开罗，被主人邀请到他们的老城区—著名的汗·哈利利市场去游玩。那是几十条老街构成的最古老的市中心。这些曲折繁复交织如网的老街老巷中，挤着几千家小店铺，专门出售埃及人特有的铜盘、首饰、纸莎草画、螺钿镶嵌、皮件和石雕，店铺中还有一些两层楼的饭店，可以吃到埃及人爱吃的烤饼和手抓羊肉。身在其中，我觉得已经陷入开罗人独有的生活旋涡里，奇特又温暖。我说：“在这里的感觉真是好极了。我读过你们的诺贝尔奖得主纳吉布·马哈福子关于这个市场的一些小说片段。现在不知道是他把这条街写活了，还是这条街使他写活了。”我的主人听了很高兴，他说：“开罗也有一些国际化现代化的大街，很漂亮，很气派，但那不是开罗，这才是开罗，是埃及！哎—”他忽问我，“你的城市也有这样的老街吗？”

我心里忽然冒出古文化街和估衣街来，不由得很骄傲地说：“当然！”

2000.1.5.

▲ “海派”风格的建筑。

估衣街的兴衰起伏

周骥良

天津人说古，常有这样的话：“先有一座庙，后有天津城。”这庙指的是建于元代的坐落在大直沽的天妃庙，遗憾的是庙已荡然无存。和这话遥遥相对，还有这样的话：“先有一条街，后有天津城。”这街指的是同样建于元代的、直到今天还熙熙攘攘的估衣街。这

条驮着将近千百年风风雨雨的老街，不仅在天津排老大，就是在整个北国也数第一。北京的老街不少，但不是起自明代，就是兴于清朝，论资排辈，都比它矮了一截。

元代定都于北京附近的大都之后，急需南粮北调。运粮以海运为主，这是天妃庙建在大直沽的原因；以河运为辅，这是估衣街沿河而起的缘由。明代历行海禁，调粮全部改为河运，估衣街于是迎来了大发展的第一部曲。漕运工人下得船来，往往买些衣服，既为自己穿用，也为带回家去。现看现买，合

▼ 罩棚和铁栅栏是估衣街建筑的标志。

▲ 当年北门外天津钞关附近的热闹情景。

适就要。这些估衣有的是从当铺甩出来的，有的是小贩用瓷器从住家户换来的。卖估衣的要按单衣夹衣、绸衣布衣、男衣女衣分类成堆，然后一件件吆喝着卖，连说带唱，往往还要加上一些人物，女服能拉上穆桂英，男服能扯上薛平贵，形成特殊的叫卖风俗。估衣摊多了，于是有了估衣铺；估衣铺多了，于是其它店铺也就多了。估衣街成了商业街。

估衣街的第二部曲是在清末民初。这时海禁已被列强敲开。京津两地的商业都有大发展，涌现出许多大绸缎庄。名为绸缎庄，其实布匹、呢绒、毛毯、皮货等等一应俱全，是当时最耀眼的行业。北京有响当当的“八大祥”，估衣街也有声势赫赫的“九大祥”，这

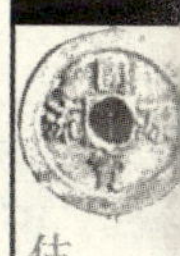

▲ 临街店铺的窗下砖刻。

“九大祥”的牌匾是：瑞蚨祥、谦祥益庆记、谦祥益保记、瑞林祥、瑞增祥、瑞生祥、益和祥、庆祥、隆祥。另外还有并不挂“祥”的元隆与敦庆隆两家大店。这些店铺大多零售兼批发，实际上是华北地区绸缎、布匹、呢绒、毛毯、皮货的集散中心。估衣街成了经济大动脉的街！但到了外患频临的30年代，由于九·一八事变，由于日本军国主义分子操纵的天津便衣队骚乱，由于天津的沦陷，许多绸缎店移到租界地，许多店铺闭上两扇门，估衣街就此败了下来，有的店铺成了公司，有的店铺改做仓库，一直萧条了多年。

改革开放的滚滚大潮使估衣街重获生机，奏响了第三部曲，这里成了摊贩云集的地方。从店堂里到街两侧，已是只能步行不能车过了。但走来走去就会发现估衣街的旧衣是没有了，但“衣”字却没有丢，卖西服裤的，卖外套的，卖毛衣毛裤的，卖袜子的，卖童装的，卖纽扣的特别多。特别是卖妇女新婚礼服的最多，不仅有白色的，而且还有红色的、紫色的、桔色的。这使得到这里观光的外国人两眼圆睁，怎么西洋礼服在这里变了种？当然要变，估衣街始终是蘸满中国情调的老街。

遗憾的是，许多富有中国情调的风俗已是过眼云烟，只能在纸上留下几笔了。在那些“祥”字号的大店铺里，用的不是小算盘，而是三尺来长的大算盘，售货员要到这里来打，让顾客也能看个明白；柜台的角落里有座椅，座椅之间的茶桌上还沏着香茶，顾客可以边喝茶边休息。茶喝够了，腿歇够了，什么没买也照样走人，掌堂的穿着绸袍向你彬彬有礼地送行。当然，还是又喝茶又买东西的顾客居多，这些顾客再来，必是先前的售货员过来迎接，仿佛已经成了熟人，有的还能称呼上姓氏来，备觉亲切。灯节期间，这里的商店都要挂灯，而且年年彩灯翻新，800米长的老街忽然年轻起来，一连三夜，人如潮涌，是估衣街一年一度的盛事。

▶ 透过铁栅栏俯瞰估衣街，昔日的繁华尽收眼底。

▲清朝末期繁华的估衣街。

津沽商业第一街
——估衣街

郭凤岐

“繁华要算估衣街，宫南宫北市亦佳。东北门边都是水，晴天也合着钉鞋。”这是张焘《津门杂记》中所录唐尊恒的一首《竹枝词》。张焘生活在天津开埠的年代，也就是说，估衣街成为繁华的商业街，起码在一百多年以前。

估衣街东起三岔河口旁的大胡同，沿着南运河南岸，东西伸展，西至北大关。得天独厚的地理位置，使其很早就成为商业街衢。

天津地当九河下梢，斥卤不毛，素称水陆交冲，南北孔道。宋、辽之时，海河作为界河，南北两岩修建了许多砦铺。宋、辽既隔河对峙，又过河交往，海河流域出现了宋与辽互市贸易的市场。明嘉靖时汪来在《天津整饬副使毛公行政去思旧碑》中称“天津无沃田，人皆以贾趋利”，从商就成为天津人的特点。特别是天津是南北漕运的枢纽，海、河漕粮之交汇点、转运站，三岔口、侯家后和估衣街一带，便出现了万船涌集的繁荣景象。正如元代王德在《直沽》诗中所道：“极目沧溟浸碧天，蓬莱楼阁远相连。东吴转海输粳稻，一夕潮来集万船。”（《天津府志》）这就为商贸交易提供了更加便利的条件。所以天津城市，从形成时候起，就带有商业性质。作为

▼ 旧时的天津东北角。

▲ 北大关是天津早期的商业中心。

商贸城镇繁华街衢的估衣街一带，便显现了商业街的雏形，元代张翥有诗曰："一日粮船到直沽，吴罂越布满街衢。"这个"街衢"，当包括估衣街一带在内。因为江南的粮食、瓷器也好，茶糖、丝布也罢，不论是走海运，还是走河运，都要到三岔河口或南运河一带，估衣街都是最近便、最理想的交易或转运场所。

原来北门外的南运河上，曾有一个摆渡口，叫马头渡。据《天津卫志》记载："明文皇曾渡此。"因而在正马头河沿上，修建了"龙飞渡跸坊"，使这个繁忙要津，更是名声大震，过往客商和行人多在这里停留歇息或买卖交易，逐渐形成了俗称的马头东街。

明永乐二年，天津筑城建卫"北近京师，东连海岱，天下粮艘商船鱼贯而进，殆无虚日"（明吕盛《天津三卫志·跋》），天津逐步发展成为中国北方的大都会。界于运河和卫城之间的马头东街，更有了大好的发展机遇，特别是市集的设立，越加促进了商业的兴盛。

▲栩栩如生的石雕蕴涵商家生机盎然的商机。

明弘治六年（1493），在原城内五集的基础上，又在城外增设了五集一市，其中北门外就设了两集：丰乐集为初十、二十、三十；恒足集为初七、十七、二十七。使马头东街一带，一个月之内就有六天集市。集市贸易，更加促进了商业的兴旺发达。

清朝初年，以上集期虽然俱废，但是马头东街等沿河一带，出现了杂粮等许多店铺，“商贾贩粮百万，资运京、通，商民均便。”康熙八年十一月初一日（1669.11.23），皇帝巡察天津，进西门，出北门，又一次经过马头渡，可见马头东街的重要地位。无怪乎康熙十四年（1675）纂修的《天津卫志》载曰：“天津弹丸之区，自明至清，两经御跸焉。”康熙二十三年（1684），又开放了海禁，“闽粤潮帮”的商船，放舟北上，经大沽口到三岔口或马头渡停泊，出现了“万商辐辏之盛，亘古未有”的景况。康熙五十五年（1716），由天津道朱纲、盐法道宋师曾捐款，将马头渡改为浮桥，客商行人来往更加方便。康熙皇帝有《天津》诗云：“贾船商舶运樯至，贡赆时看集万方。”

原来北门外至浮桥是石路，浮桥至丁字沽为土路叠道。“每过夏秋，一望淼茫，呼舟涉渡，层叠数里，行人苦之。”（陈弘谋《重修天津北门外道路牌记》）。清乾隆三年（1738），任分巡天津河道的陈弘谋整修了叠道，治理了南运河泛滥，使这里道路更加畅通易行。南运河两岸的纤头、船工、搬运工，为了防寒避冷，也到马头东街一带买一些旧

▲ 各色绸缎琳琅满目。

衣服穿，这里逐渐成为旧衣服的交易街衢，并且出现了许多买卖旧衣服的店铺、摊点，买卖双方议价出售；还有穷苦人典当的衣物无力赎回的“死当”，由当铺处理给这里的估衣店铺出卖；并有外地客商到这里批购估衣，运回销售的。明末清初，这里估衣店铺多达三十多家。清道光四年（1824）崔旭写成的《津门百咏》中，对此作了描绘：“衣裳颠倒半非新，挈领提襟唱卖频。夏葛冬裘随意买，不知初制是何人？”因此这里慢慢被人们称为估衣街。到清同治、光绪年间，“估衣街”的名字，便在书籍上正式出现了。《天津事迹纪实闻见录》载：“江西会馆，在北门外估衣街万寿宫内。”

估衣街的商业发展，也是同这一地带的经济、政治、社会、文化等活动分不开的。

康熙元年（1662），在北门外南运河北岸设了天津钞关，人称大关，征收水陆出入货物税银。每年秋令来往商贩云集，出入货物为数更多，俗谓之秋头子。有诗为证：“横排巨舰两涯间，车马如云日往还。怪底担夫争过急，行船一到要开关。”（崔旭《津门百咏》）。在钞关之东有督粮厅，督催南运粮船；估衣街附近还有当行公所（北门外以东）、潮帮公所（针市街）、山西会馆（锅店街）、闽粤会馆（针市街）、山东济宁会馆（崇福庵）等；北门外还有馆驿楼，上悬“津门重镇”、“畿南要津”匾额。另据传说，小说《施公案》中，主人公施世纶，康熙十五年（1676）驻节津中，其行辕就在估衣街归贾胡同北口外。

这里的文化活动也很活跃。清道光年间，天津有戏园七处（也有说四处），伶人寓此者五十余家。其中估衣街附近就有两园：

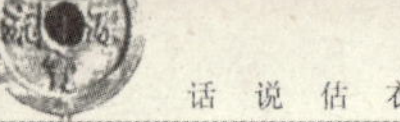

▶ 人头攒动的估衣街。

▼ 归贾胡同旧时的买卖人家。

一为协盛园，在侯家后；一为袭胜园，在大关桥口。戏班轮演京二簧、梆子腔，色艺俱佳，饶歌妙舞，响遏行云，动人观听，每日宾朋满座并相继建起了茶楼、酒肆、书场；还形成了闻名津沽的肉、鱼、鸟市。樊彬的《津门小令》就描写了鸟市的热闹景况："津门好，无事也喧哗。城郭风高晴放鸽，池塘雨过夜鸣蛙，

鸡犬万千家。”

历经几百年风雨沧桑，经过几度兴衰起落，到清末民初，估衣街发展到鼎盛时期，可谓津沽商业第一街，并成为闻名遐迩的中国北方商品贸易集散地。其主要特点是：（1）店铺鳞次密集。据史料记载，清光绪三十三年（1907），估衣街商户多达120余家，在不到800米长、约7米宽的一条街上，有如此多的商家，可见其鳞次栉比，密度之大。一些官僚、富户，也是这里商家主顾；天津周围县镇的富人也经常到这里购买物品。（2）绸缎布匹为主。这类店铺是其中最大的行业，占全市的比例也很高，据1972年史料不完全统计，绸缎呢绒店，全市主要有72家，估衣街占了10家；国布店，全市主要有25家，估衣街占了4家；新旧戏衣店，全市主要有18家，估衣街占了4家。（3）洋货商店众多。估衣街以国货商品为主，但洋货也占有相当份额。洋货店主要有两类：一类是洋布店，估衣街约有11家，像大有号、泰昌仁、义庆和布庄、同丰裕、华纶厚、义聚恒、聚兴永、德合号、实昌洋布庄及德益成布栈等；另一类是洋广货店，约有15家，像天华祥、王隆号、同泰、西裕兴、协成永、怡庆号、春永庆、益兴号、广立顺、聚兴泰、德庆号、德丰合、宝丰号洋货及义康号栏杆庄等。（4）花色品种繁多。除了绸缎、呢绒、鞋帽、戏衣、国布、洋货、西服外，还有经营棉纱的、丝线的、皮货的、五金的、眼镜的、茶叶的、笔墨纸张的、化妆品的、瓷器的、金货的、烟草的、小百货的以及山西人开设的瑞昌恒、万聚恒颜料庄和经销“泥人张”泥人的同升号等店铺。（5）特殊厂店不乏。除了琳琅满目的商店、商品外，估衣街还有生产厂家，如魁记织布厂、锦昌织染厂和德合顺衣局、振业印刷局，并有全是女人经营的华贞女子百货店；经营房产的槐荫经处，以及三友、裕德、万隆客栈等。（6）名店老号不少。如天津早期最大的山东孟家的“八大祥”纺织品商店，在估衣街就有瑞蚨祥、谦祥益两家。特别是八祥之首的瑞蚨祥绸缎庄，先在竹竿巷建店，后在估衣街五彩号胡同开设内局，并做批发业务；1912年在估衣街东口开设瑞蚨祥西号；1933年又在估衣街开设瑞蚨祥庆记，一街三号，声势甚大。谦祥益保记建在估衣街东头临街，1917年9月开业，高墙大门，砖木结构，货物齐全，服务周到，是当时中上层人士购物场所。还有闻名的鞋帽店联升斋、日升斋、同升和；著名的中西药业，如天津早期的中药字号仁育

▲ 估衣街的胡同口也充满了浓郁的商业气息。

◀ 侯家后前街是旧时估衣街生意人居住的地方。

◀ 旧时江叉胡同内的商号一般都设有两道大门。

堂；后来名列津门“四大药号”之冠的达仁堂，及万全堂、中英大药房等。（7）年货市场火爆。估衣街不仅大商家林立、中小商店门户相挨，而且摊点比比皆是。特别是一到春节，年货市场更是热闹非凡。张焘的《津门杂记》曾有这样的生动描绘：“东门外，宫南、宫北及估衣街一带，万商云集，百货罗陈。虽道旁隙地，亦为小本经营者摆摊交易。每当腊月初间，店铺门前隙地，均贴有红签，上写‘年年在此’四字，为卖年货者占先地步。沿途一望，遍处皆是。亦有因占地相争者。所谓年货，即香蜡、纸锞、鞭炮、门钱、岁朝清供各品。”据90岁高龄的梅祖贞（梅贻琦侄女）回忆，当年城内没有大的年货市场，买年货就是到估衣街或宫南、宫北街。除以上年货外，还有吊钱、对子、皂王、绒花、各式灯笼、“耍货”（儿童玩具）、糖果、糖人、糖堆、果子酱、干鲜货等。人流摩肩接踵，熙来攘往；商品琳琳琅琅，眼花缭乱，其繁华之况，无街可比。（8）早晚连市无空。对此，樊彬在《津门小会》中写道：“津门好，石道北城新。供税大关喧到晚，卖糖小市闹凌晨，水陆尽忙人。”从早到晚，水陆尽忙，市声鼎沸的情景，历历在目。估衣街的晓市，从清晨五六点钟开市，街道两旁布满摊点，趁着店铺尚未开门的时间经营，形成一种临时早市。主要零售干鲜等货品，还有“赶羊的”二批发。上午八九点钟，小商贩撤摊离去，大中型商家开门营业，直到晚上八九点钟。然后钞关挑灯收税，文化场所娱乐始浓，展现了“桥边风景依稀认，灯火河楼闹晓晴”的另一番光景。

还是那条街，今昔却不同。1975年将锅店街、单街子调整接顺，统称为估衣街。1986年经过重点装修，使估衣街风貌建筑得以恢复，老字号名店焕发青春，新建商店展露出

◀ 深谷般狭窄的估衣街，凝聚着多少悲悲喜喜的故事。

生命活力。现有丝绸、棉布、针织、小百货批发店等百家之多，加上街道两侧个体针织百货摊点，其兴旺发达，胜过当年。

▲ 精湛的雕花对开门扇，体现了估衣街略带西洋风格的门窗设计。

估衣街鳞爪录

周汝昌

老天津卫，人们总爱讲张船山的“十里鱼盐新泽国，二分明月小扬州”。市肆繁华，人烟阜盛。商贾多，生活富，热闹而杂以尘嚣，阔绰而流于庸俗。评长评短，是喜

▲ 规矩十足的木格门窗。

是憎，人各不同—本来就有好的与坏的两面，这不独津门沽上。但有一个不大为人注意提起的是天津商店的风貌与气味之佳处，却使我不能忘记。

如今我以估衣街购物之亲身经历为例，略为讲说，以志彩豹之一斑，神龙之半爪。

那是抗战胜利以后的事了。燕京大学被日寇解散，不受沦陷时敌伪学校的“招编”，回故乡“隐居”暗室数年，抗战胜利了，欢喜若狂，这才“露面”找个工作。于是考取了津海关附设的“敌伪物资接收处”的“助理员”，因成绩97分，特用为内勤坐班，职优事简，薪高“践扬”，乃有余力讲一点衣服仪表。时至暑氛将炽，要制一件

◀ 苍老的估衣街，是否应该“美容”了？

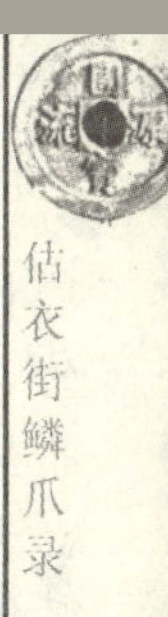

纺绸大褂（长衫）。不欲在梨栈大街洋式商店买东西，想起久已无缘一到的老估衣街的老字号。

我并非城里市里的老津门土著可比，十几岁上初中时二哥（祚昌，字福民，在宫

▶ 估衣街墙柱上雕刻的“葡萄”，晶莹剔透且富于色彩的变化，花饰的图案简繁有致。

▲这是一堵透着财气的"女儿墙"。

北大街敦昌银号当职员）带我到过估衣街，相隔年月太久记忆已然十分模糊——只记得一进街口，便是鳞次栉比的店铺，人也很多，一片繁荣景象。那时还真有"喝估衣"的遗俗：店员要用故意压"扁"的嘶哑嗓音来逐件"喝卖"从当铺出来的（过期不赎的）好衣服。年少之时，对那种情景，颇有感触，觉得做那活计的小店员令人生复杂的心情—既不喜欢他，又怜悯可惜之淡淡悲伤。

事隔多年了，这回忽然想起要到估衣街去买上好的白纺绸。

那时腰里钱富裕些，其实离"摆阔"还不知差几千里，却也有点儿"神气"了，小铺子不进，看准了两家最大的绸缎庄进入挑选。第一家竟无中意的—连那字号也记不得了。于是进了瑞蚨祥。

先是在楼下看，店员一卷又一卷地抱给我。我都嫌单薄。店里见我“品位”特高，这才说：请楼上看看。他们领我登上楼，我才知道下边是一般货品，应付普通顾客的。楼上局面另一样了。有“雅座”式的休息处，硬木几椅，落座即奉上清茶—那茶品级不低，尝一口满溢清香，大解来时的暑烦。

这时又抱来了两卷白纺绸。

我接过来一摸，第二卷质地精纯，入手不但厚实，而且“肉头”—更要紧的是不板硬而特别柔软，色也上白不黄。

我问：还有比这更好的吗？

答曰：这是最上等的了，时下这样也不易再进货了，还是旧存梯己，轻易销不多。

我听了，满意地说明就要它了。店里不知我这位“大少”的来头有多大，招待更加不敢怠慢。量好了丈尺之后，我又问明，店里可以代为裁作，十分方便。于是办好一切，约日来取。

我刚才说“不敢怠慢”，千万不要误会我是说人家“势利眼”作风。我无此意。

▲ 与估衣街相连的江叉胡同。

证据何在？一都在我进入的那第一家。

在那儿，我看了一遍，挑了一个够，却都不中意，空手出门，人家一不曾在遍挑时嫌烦，二不曾在我什么也不买时显露“失望”，三不曾略改迎入时的恭恭敬敬，他们门房侍立，一齐送我出门，礼齐意顺，令你感到十分欢喜而没有丝毫“冷落”、“别扭”。

所以我敢说：“即便我这回也没挑上对意的，喝了人家的佳茗，站起身要走一那么我得到的待遇肯定也如第一家，不会两样。

我说的“恭恭敬敬”，切不可误解为见了大方顾客就“低三下四”。那恭敬并非疏远、假和气、市侩面孔，虚哄假骗……一点儿也不是。是尊重、是亲切，是“关心”——那你挑不准时拿主意，介绍货品说几句令人信服的真话……不是“对立面”，而赛友好一家亲。

我今回忆，事隔五十多年，估衣街的

▶ 估衣街归贾胡同的一家商号。

▲各色花布摆满街头。

具体景象、字号牌匾，等等细节，皆已模糊消失；然而留下的“不具体”，“无景象”的很难磨灭的印象，却是那种精神，那种气味，那种风格。

这就是故乡津门的传统，高尚的商风，店德。

我已不知道如今此风尚存与否。

老规矩、老字号，可贵之处甚多。本文的目的在此而不在罗列“实景”——因为，这是我们天津的风土气质之表现，也属于中华文化的一个重要的部分。诗曰：

白绸丰致特翩翩，
老友犹夸美少年。
难忘高风存市井，
绣街端数估衣先。

（注）80年代有旧同窗程兄来函，追念昔年见我街上过时，著白绸衫，风致至今难忘

云。此衫即估衣街上之佳制也。

商业街之最

张仲

▲矗立在估衣街万寿宫胡同口的石碑。

天津商业街之最，当属估衣街。它比北京大栅栏（明代的廊房四条）还早几百年。

估衣街是元代直沽的“马头东街”，见于《天津县新志·政俗沿革记》。马头即码头，位于今北大关处。元明时，水陆进出的百货，都集中在这里交易。所以，靠河岸的一带，侯

家后大街成了商贩水手就近“吃喝玩乐”之处，稍南的估衣街（还有以北的河北大街）则开设了许多经营商业的门面房。

估衣街的商业建筑独具风格和气派。街道两侧一律是宋、明、清小式建筑：硬山瓦顶，前檐满敞，木隔扇门，有的房顶设红色冲天栏杆，门前大字招牌，或高悬幌子。较大商店并设有短围墙，墙开漏窗，使内部木结构的装修（多饰红绿油漆），在外一览无余。明清时，天津城区最近的只有宫南宫北大街连通的估衣街，这一条大街最为繁华、热闹。因此，实力雄厚的钱庄、金店银楼、闽广杂货、瓷器店、南纸局、绸缎庄、香粉店、皮毛凉席铺、中药店，都想方设法在估衣街开门脸儿。经销泥人张作品的同升号、赵洪远饭庄（咸丰时尚有诗曰“估衣街里赵洪远，一饭寻常费万钱”），也在估衣街。估衣街西口（以城的方向而论）对面有“五甲子老烟

▲ 货栈的通风窗森严而坚固。

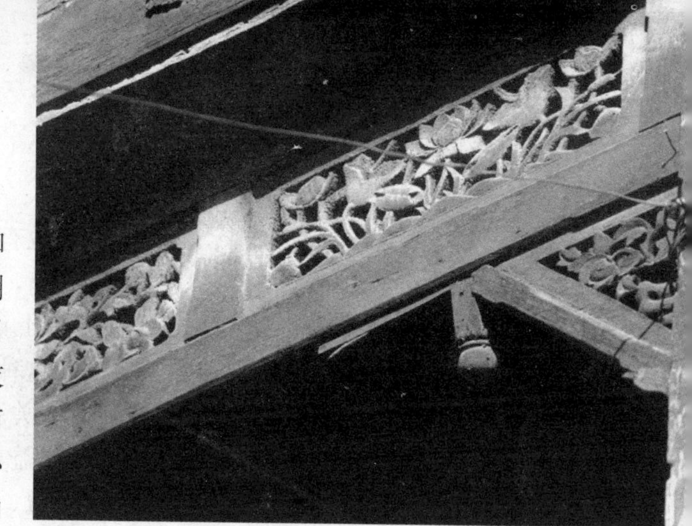

▲ 客栈回廊上的木雕。

铺”（中和号，设于明末）。每日清晨，估衣街有晓市（也叫“小市”），是山货、水果、小食品批发市场；日出后，“金招牌，银招牌，稀里哗啦挂起来”，估衣街上即市声鼎沸，人影如云。可惜，1900年，八国联军侵津，从鼓楼上炮轰北门，使北门内外、估衣街几乎成为一片灰烬。这条古老商业街元气大伤。

但山东旧军镇孟家，北京同仁堂家，仍在估衣街上保持实力雄厚的地位。孟氏家族曾在街上先后开设三号瑞蚨祥绸缎庄。乐家的达仁堂的门脸衣冠“不改旧家风”，依旧是青砖小房，很有京都老字号的气象。

◀ 寿衣经营依然是估衣街的一大特色。

估衣街上当然估衣铺多。但也不尽然，

与衣有关的面料、丝线、成衣也有。辛亥革命后，估衣街已形成新式服装街，军装、甚至死人穿的寿衣，都在估衣街上设店出售。据统计，从估衣街到锅店街，这种商店计有近70家。据几种资料统计，有关服装商店、内局（批发）、货栈计有：谦祥益、敦庆隆、元隆、瑞蚨祥老店、瑞蚨祥鸿记、瑞蚨祥庆记（三家均独立核算）、华洋、锦章、宝丰、崇庆、万聚恒、庆德成、益庆和、怡庆、德益栈、同丰裕、义丰厚、德益成、庆利恒、义聚恒、宝昌、西裕兴、庆祥、天顺成、裕兴文、毓盛长、荣馨、裕盛永、庆丰、荣庆、大庆元、永康、新丰泰、瑞林祥、义信成、公益、庆盛恒、恒祥公、大丰泰、鸿生义、恒利、东泉盛、永聚成、四合元、蓝生祥（张省三）、德源（经理陈少轩）、瑞兴、同益、广兴永、华泰、聚源德、德源（经理陈锡九）、益合、恒兴德、宝顺合、万兴厚、祥记、文德、益生、春泰、恒庆泰等。估衣街的瓷器店在津也执商业的牛耳，先后计设有：乐成大、吴协兴、协昌明、瑞昌祥、瑞增祥、修盛魁、廖正大、景泰华等十来家。这些字号，大都装修得金碧辉煌，商品丰富多彩，招徕力强。

估衣街的繁荣，与经营者始终发扬传统

商业的特色有直接关系。估衣街的商人头脑并不滞后，始终盯紧所联系的消费群（旧城城里、西头、老河北一带），形成独特的商业文化。至今，在估衣街西端（万寿宫胡同北口）、天津唯一的成记丝线店门旁，仍竖立一通石碑，系估衣街瓷商所立。碑建于清光绪二十八年（1902），碑上竟有“自维新以来，百业俱兴”的字样。当时维新变法失败已四年，慈禧到处摧毁一切与维新变政有关的事物。但四年后，天津估衣街的商人仍持肯定维新的态度，不能不说是一个奇迹。这也可说显示了估衣街在近代的地位。

▲ 百年老街辗压着一道道历史的履痕。

老街无价

马林

多去估衣街看一看清代古商业建筑老街，肯定会产生出在老城寻找老房子残影遗憾后的庆幸，当然也有别于去五大道看小洋楼的感叹，估衣街老街至今仍展现着清代康雍乾鼎盛期天津的繁荣。天津是一块历史经纬线十分明晰的地方，几乎能寻到不同历史文化色彩的建筑区域；感谢这座城市留下了风格色调不同又绝不冲突杂乱的人文景观，古与今，中与西，这座城市对后人的赐予和宽厚应该说地久天长了。

三岔河口锁定了天津卫城所有的历史秘密和精华，当我们沿宫南宫北大街向南运河那卫河故道走去，我们会发现一条回荡着二百年卫城古风的繁华锦绣的老街。与天下名城老街相比，不逊色，风采依旧，热闹不减。从西到东，高低错落，青瓦飞檐，店堂如画，名店名匾，一家挨一家，南北两排古建筑对望中烘托出一种唯有天津估衣街才有的那种原汁原味蕴含了无尽的历史

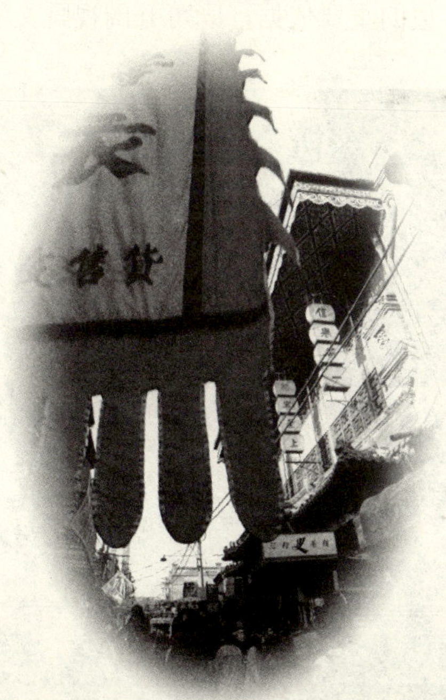

◀ 估衣街上的大小寿衣店，至今延续了上百年。

故闻而又持久的气氛。

老街无价，古老的店铺无法复制，古老的建筑群更是难以仿造，清代那个时期商业环境人文历史全凭这条老街凝固在历史里了。估衣街每家店铺每家根蔓都有自来的意境和档案，几乎是那个时代天津牵动全国经济发达地区，经济向估衣街地域流动又激活天津本地商家兴起的一个历史画卷。也正如此，六百年历史的天津有这样的保存完好的老街敢和天下名城老街相比。比较是鉴别历史价值的重要依据，既可开阔视野又能加深天津

▼ 旧时生意人的住宅门大多用铁皮包镶，且留有一观望口。

成为中国北方工商业大都市的传统认识。

清代同治年间《越缦堂日记》把估衣街和苏杭二州的老街进行了权威性比较:“廊宇整洁,几及二里,殊似吴之阊门,越之江桥。”我们珍惜重视估衣街也和中国许多历史名城重视珍惜老街的意愿一样，城市现代化国际化步伐加快了，对待老街仿佛是中国现代城市中的一道不可丢掉的风景。

苏州阊门不似历史上的阊门热闹，但苏州虎丘山下古老的山塘街和玄妙观的观前街这两条苏州老街依旧繁华，重现了苏州历史上阊门的风景。杭州吴山前，湖滨杭州老城商业街仍是一派往昔繁盛，令人常思古之江桥。苏杭重视老街自然与城市特色有关，那么南京是近代变化最大的六朝古都，它的三山街曾是南唐南宋御街，自清代起它的样式格局又与估衣街有几分相似，行业齐全，百货云集，游艺杂耍，百般热闹，如今，这条老街尚在。广州老城西关大屋，是中国历史上著名的广州十三行所在,如今旧模样照存,是门市，又有奇特的天井和幽深的小院子，这条街是研究中国商业和对外贸易的重要考察实地。北京前门大栅栏，估衣街谦祥益多家老字号在那里有同样的商铺，然而那不是一条规模宏大的街,都在棋盘式的小胡同里。

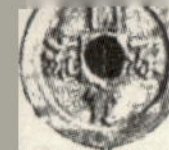

扬州文昌阁前的商业街和开封相国寺那条街也在历史商业老街之列。这种老街情结当然与历史与商铺古老性传统有密不可分的联系。除了深圳珠海不需要用老街来标明历史，上海不甘落后，它的老城在城隍庙一带，老城厢在开埠后是由上海有钱人拆除的，然而，就在老城厢处重修了一所老街，老街牌楼，老街店铺，老街饮食娱乐。

依次看一看这些名城老街，最让人欣慰的是天津估衣街保存得最具历史原貌，原来的店铺原来的招牌原来的匾额原来的建筑，你随意挑一样都是无价。万金堂药铺的匾额

▼ 百年老店虽几易其主，但名号仍延续至今。

是李鸿章手笔，靠仿制靠后来书家题写，那老街的味道就差多了。估衣街实际上是集南运河南岸一块古老繁华地的中心，侯家后、北大关、针市街、竹竿巷、鸟市、大胡同都是鲜活的。提起各名城的老街，当年到估衣街一带寻找发展机遇的，在南运河码头，曾走来广东福建浙江江苏多少客商，估衣街里和附近的名字号和公馆不少是清代商业精华在天津的大聚会。南方各省商船队，如宁波帮的“北头船”（大帆船）、广东帮的“红头大眼鸡船”都曾为估衣街一带兴起带来物流之便。从针市街最早的针线到估衣街的洋广杂货，估衣街这条老街实际上汇聚了中国各大名城老街的精髓，凡是中国天下老街上的风景，你几乎可以毫不费力地在估衣街寻到。

老街无价，估衣街积厚的商业史是天津的骄傲，也是中国商业老街中很有历史资格的典型代表。

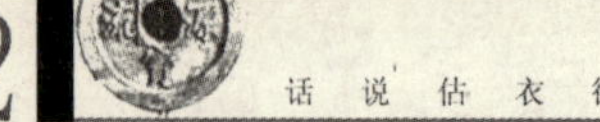

▲ 宛如墙堡般的拱门高墙。

“银子窝”估衣街

王维刚

天津作为一座历史文化名城，作为在近代中国的政治经济变革中产生过重大影响的工商业大都市，以商品的大流通和高消费形成的市场经济文化是其城市文化的基本架构。天津估衣街就是传统商贸文化的一个有待开掘的富矿。

市场的形成源于商品流通，经济的发展

◀ 饱经风霜的归贾胡同。

▲ 富有江南韵味的二层阁楼。

取决于内需的增长。自明代成化元年（1465年）朝廷准许庞大的漕运船队夹载私货自行贸易，至清代嘉庆年间，数百年中明清两代朝廷不断提高船队夹载自行贸易货物的数额，因此使天津成为中国北方最大的百货总汇之区，也培育了估衣街、针市街、锅店街、竹竿巷、小洋货街等成片坐落于今红桥区老城区的这一天津最早的商品集贸市场，并形成了独特的城市社区文化。

我们谈到的估衣街，已经不是最早的原始集贸社区了，而是大约自清代乾隆末期形成，到20世纪20年代以前，被当时的天津人称为“银子窝”的经济发展鼎盛时期的估衣街。

走在今天估衣街一带密如蛛网、危墙破

败的危房改造“高难区”，恐怕很难想到八十年前这里曾是藏金窝银的富贵之乡。

了解天津经济史的人都知道，早在清代康熙年间，随长芦巡盐御史署和长芦都转盐运司由长芦移至天津，盐商形成了天津最早的豪富阶层；随之，随漕运又产生了民营粮业的大粮商；再次，清咸丰年间在天津设立户部钞关不久委派当地税吏直接征缴，又形成一批混“大关差事”的豪富之家；同时，各地巨商到天津投资经商；转口贸易和城市消费的急剧增长又产生了一批富商大贾。天津对于这些豪富之家有“八大家”之说。其实，自清代道光年以后，出现过老“八大家”和新“八大家”之分，还有绸缎业“八大家”、银钱业“八大家”、姜厂（百货批发商）“八大家”等说法。从有关史料看，他们大部分居住在旧城厢内外和俗称“西头”的今红桥区旧城区一带。这些豪富之家消费甚巨，因而支撑起了估衣街上诸如“谦祥益”、“瑞蚨祥”、“元隆”等高档商品大商号的经营。

我曾接触过在“元隆”做“外柜”（即跑外的业务员）的王彬如老人。他讲估衣街上的这些大绸缎庄主要是靠和上面讲到的那些豪富之家做生意。他们极侈浮靡，添置一次换季的衣服，就可以花费几千两银子。所谓

▶ 老街的街灯也好似一只昏花的老眼。

▼ 老街胡同口的铁栅栏，把两堵高墙牵锁住。

“三开箱”，是指一天里换三次同样款式、颜色、花卉图案的衣服，如上午的图案是含苞待放，中午的图案则是花朵盛开，而晚上的

图案则是叶盛花谢。那些老爷少爷们购物不付现钱，只用“札子”记账，由商家定时汇总到其家里的账房去取。而他们偷偷为寻花问柳去送女人的衣料，就是一笔大开销。因此，门市零售“加大放尺”以树信誉，从这些“冤孽秧子“身上则大赚其钱。这位老人的介绍可以说只是估衣街蕴藏的丰富消费文化和商贸文化微不足道的点滴。

当年，估衣街上的大商号，不只做门市生意，大多也作“内局”批发。甚至，竹竿巷、针市街更是以形形色色的“内局”买卖为主。这里集中了各地商人驻庄经营的客货栈、会所、会馆，来自潮州、福建、广东、山西、新疆（被称为“伊犁帮”）、山东、东北三省、江浙、河北等地的转口贸易商，几乎垄断了“三北”地区（东北、西北、华北）食糖、药材、纸张、茶叶、杂货等品种的南北货物流通。更为一般人缺乏了解的，这里曾是天津民族金融业的融资汇兑业务中心。史料记载，在20世纪20年代以前，包括著名的山西晋源票号在内，估衣街一带云集有实力的票号、钱庄多达近30家，而且形成了申汇经纪人的市场。天津的各行各业，包括各银行、商号，乃至外国银行和洋行要通过账房进行的申汇结算，都要以这里公记经纪人

▲　口的铁栅栏，使胡同有了门的感觉。

成交开盘、收盘的行情作为依据。这些行商和坐商不只成为了极富潜力的高消费群体，而且拥有发展市场可观的可流通资本。有史料记载，清代末叶，庚子年以前，估衣街一带商业成交的日营业额达千万两白银之巨。清代咸丰年间的一份户部奏折在就当年全国税收问题向朝廷的汇报中，首当其冲就谈到了天津“店税”的收入。可想而知，以天津当年的商贸活动分布来说，被称为“银子窝”的估衣街一带的商家纳税自然是占有绝对的高份额。

世事沧桑，天津的估衣街只依稀残存着当年的繁华风貌。假若在这条街上“说古”，几乎每一块砖石都蕴含着不只是天津，而且是中国民族传统经济的兴衰故事，饱含着从商贸文化到社会消费心理足以启迪和警示后人的宝贵经验和惨痛教训，给现代人进行经济建设以活生生的历史揭示。

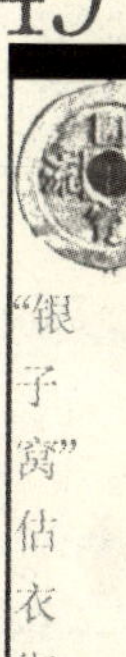

估衣街杂谈

许杏林

旧时，老天津卫人或经常到天津购货的人，没有不知道天津估衣街的。估衣街如此享名，主要是因为它历史悠久，行业齐全，店铺最多。估衣街南北两侧商号林立，一家挨一家。而且这条街上所售物品，适应于上、中、下层社会群众的生活需要，所以生意极为兴隆，是那时最繁华兴旺的一条商业街。

▶ 繁简得当的大型铁栅栏，与建筑交相辉映。

天津的形成和发展主要是在三岔河口。明永乐二年（1405）末天津建城设卫；永乐十九年（1421）朱棣又迁都北京，原来在这里已很繁忙的漕运自然形成南粮北运的漕运枢纽；海河北岸也就有了粮店街等坊巷。为了官需、军需，故鼓励南粮北运，特别允许漕船携带二成货物，可以沿途自由贩卖。于是从三岔河口到南运河沿岸都经常出现“一日粮船到直沽，吴罂越布（吴罂指苏南的陶瓷，越布指浙江的布匹）满街衢”的景象。岸商业则多集中于南运河，北大关两侧地方，这就更促进了天津商业的繁荣。

估衣街未有街名以前，仅有几家卖估衣的小摊，因估衣赢利甚丰，所以卖估衣者多集中于此处，并建门面，日趋繁华，逐渐就成为估衣街了。清代诗人崔旭的《津门百咏》中有咏《估衣街》诗一首：“衣裳颠倒半非新，挈领提襟唱卖频。夏葛冬裘随意买，不知初制是何人？”崔旭是清嘉庆五年（1800）庚申科举子，从诗中可知当时估衣街已相当兴旺了，唯仍限于估衣多，百业尚不具备。

估衣的来源虽多，但主要是从典当铺中收买而来。典当我国自古即有之，本以调剂经济缓急为意，不唯贫苦人家借以解决一时急难，就是官绅富户，亦因暂时之缺而利用之。唐诗人杜甫的《曲江》诗就有“朝回日日典寿衣，每日江头尽醉归”之句，即利用典当衣物换酒。到明清时，典当发展很快，且盘剥手段较过去尤甚。天津仅从咸丰十年(1860)开埠后，至光绪庚子(1900)，粗略的统计，大当铺就有44家之多，资本总额约在660万两，多官绅巨商所办，而半数以上为盐商所开，赢利之大当属首位。当期不等，多为半年至一年半，当押利率月息在二分至二分五。所当之衣物，经贬之又贬，开票仅付当物所值的十分之二三。当户除中、下层社会平民为解决生活急需典外，还有偷盗之物低价典当；大户则是发迹未几，倾覆随之的官宦之家和官绅富室子弟，他们不能守成，吃喝嫖赌，

▲ 经历了一个世纪的院门，饱经沧桑。

▲ 变化万千的铁栅栏展现出欧陆风情。

终致败家，将上等鲜衣华服、冬裘夏葛、珠宝玉器、文物字画送往当铺抵押，在规定期内不赎回，即变成死当。典当铺对死当定时清查，然后售给估衣铺、珠宝玉器古玩铺。估衣铺将从旧货摊及当铺收购来的衣物，或原物、或稍加工改制和修饰后出售，获利极丰。所以在短短一条街上，仅在1937年抗日战争前，估衣街就发展到五六十家，并延伸到锅店街和单街子。后来人们把单街子和锅店街常误呼为估衣街，恐也因此。估衣街上的估衣店铺常将估衣堆放在铺前，一人或二人吆喝着唱着卖，数步之内即有几家。笔者当年常挤在人群中看唱卖估衣的，不为买，仅为听其唱卖，觉得非常有趣，相声《卖布头》段子就酷似卖估衣的，刻画得惟妙惟肖，十分入神。

随着估衣街的发展，棉纱、呢绒、绸缎、皮毛业也进入估衣街。且售货之多、范

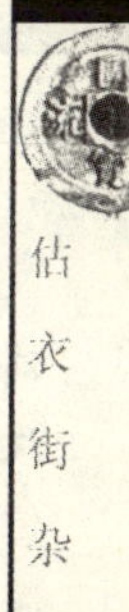

▲ 沿街店铺有不少已改弦更张，但历史感还深深地存留着。

围之广、营业额之高，居然后来居上，形成喧宾夺主之势。如绸缎庄在清末时天津有十二大家，估衣街居八。后来包括门市和内局批发，增至近三十家，号称“山东孟家”的八大祥绸缎庄就在街上占了五家。绸缎庄在天津估衣街一时可谓独占鳌头。绸缎庄兴隆的原因，除资金雄厚外，更重要的是货真价实，品种齐全，服务周到，就连当时租界中大公馆中的寓公、阔老所用衣料，也到估衣街购买；商号对大户也经常送货上门。彼时估衣街上的大绸缎庄虽获利甚半，但也不时发生被偷盗或被骗之事。

在冬季则常有穿肥大衣偷窃呢绒布匹者，有时也有稀奇大案。如某富室常年在某大绸缎庄购物，购物时也经常携带内眷及老妈子（旧社会女佣人通称）同往选货，久而久之，对佣人们也较熟悉。一日，老妈抱着孩子乘车来购物，言小孩睡着，便将小孩放在客屋，然后去挑选了十余匹上好衣料。看看小孩尚未醒，便说先将所选衣料送回去让主家看，然后再回来付钱，并将小孩抱走。店中因对富室佣人熟悉，再者尚有小孩在此，遂听其自去。孰料久去不归，方起疑心。看小孩时，却是个死孩子。找到富室家，言此佣人前已辞退，方知受骗。大绸缎庄才为防止偷窃和受骗，固设“瞭高”人，即在雇员中选身份较高、在店工作时间较长、工作认真、身材魁梧者，在门前瞭高，明为对来客起迎宾及向导作用，实则暗中防范偷窃或滋事。尽管如此，被偷窃事也未能断绝。

估衣街上为配合和便利商号存贷款，故银行、银号、钱庄多设。如从清晚期所著《津门纪略》来看，当时（1898年成书）天津汇业字号共25家，在估衣街的占半数以上；六家金店，估衣街居半，可见彼时已相当繁荣。另外如颜料庄，也曾在估衣街红火一时。天津有些名商号，最初便是在这里起家。如盛锡福帽庄，是民国元年(1912)由经理刘锡三在估衣街办了个盛聚福帽庄小作坊，经营有方，逐步发展。后在法租界天增里国民饭店对过设店，改称盛锡福帽庄。因样式新颖，做工讲究，颇受群众青睐，遂驰名全国。

估衣街西端有四五家药店，历史都比较悠久。门前除正中挂有本药店牌匾外，左、右皆配挂“杏林”、“橘井”，前面或悬有“自选川广云贵道地药材；蜜制丸散膏丹汤剂饮片”。

笔者幼年患喘，先祖父请大夫治疗后，嘱需常服万金堂所制“养阴阳清肺膏”。于是先祖父常舍近求远，带领我由河北穿过金钢桥、大胡同、单街子、锅店街，到估衣街西端购买此药。这虽是近七十年前之事，但六十多年来笔者确实很少患咳嗽病，可见各药店均有自己的特色和专长。

▲ 位于估衣街上的德昌里。

估衣街上很惹人注目的是干鲜果品及糖果业的零整批发，干货自不必说是应有尽有，鲜货瓜果梨桃也都按时节供应。当时天津各处的零售商大多是从这里进货，所以干鲜货、糖果业生意也非常兴隆，并形成一个“晓市”。

提到“晓市”，那时是估衣街、锅店街、单街子一带售货的一种特色。售货商贩摸黑，有时不打着灯笼就在估衣街两侧店铺前摆上地摊，批发经营干鲜果品和糖果，所以俗称“早市”。天津各处的零售摊贩和干鲜货小店，日间人手少，无暇进货，便利用拂晓这点时间到晓市进货。摊贩既有外处来此赶趁的，因有利可图，商号便也分出两套人马，除日间正常营业外，也安排人员参加晓市售货，形成“双重市场”。待日上三竿，门市将要开门营业时，便都收摊。一到年节，晓市更是熙熙攘攘，摩肩接踵，比赶集上届还热闹。因马路被挤得水泄不通，交易时间又有拖长，影响交通和商号正式营业，便将估衣街晓市移到西口外，另一部分则与单街子东口的，与大胡同、鸟市相接处的晓市相合。笔者在三四十年代，至五十年代初期，还有时去逛晓市。最初多批发，后来也增加很多零售，或零售兼

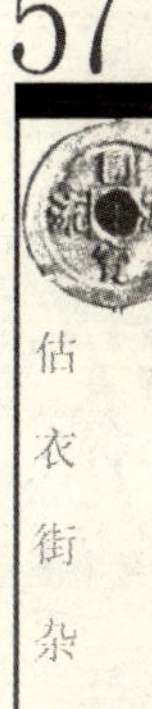

批发，生意非常兴旺。估衣街上大南纸局也很多。笔者幼年除随长辈到估衣街购物外，还经常到戴月轩毛笔庄和老胡开文毛笔庄，购买笔墨纸砚，从那里所购笔、墨确实很好用。

中国农历的正月十五，古时认为是上元天官赐福之辰，故称“上元节”；是夜为图吉利，皆食元宵，亦称元宵节。上元节自古以来即有白日歌舞百戏、夜晚放灯的习俗，所以也称灯节。天津亦然，这一日市廛通衢张灯结彩，燃放花炮。据内容为记载清末民初故事的《沽水旧闻》（戴墨庵著）“上元节钻彩子”一条载：“庚子先，每值上元节，宫南、北，针市街，估衣街，锅店街等各地，均设灯彩，燃放烟火盒子。妇女往观者曰钻彩子，殊饶火树银花、铁锁星桥之盛。每值斯节，则趣闻横生。”另据该书“大刀王五杀日兵”一条中载：“光绪二十年（1895）春正月上元之夕，估衣街有鳌山之设，并放烟火盒子者数处。一时银花火树，铁锁星桥，洵属城开不夜，不禁金吾。”从中均可见灯节之热闹。笔者从幼年至青年，每逢上元节，必至大胡同、东马路、北马路、锅店街、单街子、估衣街等处观灯，也是童年记忆最深的乐事。

早年估衣街的“晓市”

邵莲

所谓“晓市”，如同现在的“早市”。

◀ 估衣街两侧的居民区。

早年估衣街的“晓市”是指在这个繁华区域趁着各大商号尚未正式开门营业之时，一些由鲜果业经营者分化出来的部分个体摊贩，以干鲜果品为主要商品，也有一些日用器皿、乡土玩具和其它杂物。在每天拂晓，东方刚刚露出鱼肚白的时候就纷纷上市，直到日上三竿才收摊停市。晓市的特点是在不影响各商号正常营业的情况下，进行买卖成交。随着社会的不断发展，城市人口的急剧增长，鲜果的需求量随之增长，晓市的交易场地不断扩展，经营的品种逐渐增加。估衣街的晓市，使小商贩既可以利用拂晓时间叫卖转售自己的产品，又可以利用白天的时间自己生产适于晓市销售的商品。这样，在估衣街就形成了“双重市场”，在估衣街的早晨和白天是完全两套人马营业。

晓市的经营，多数是由批发商进货。有时由于人力财力不足，独身一人难以胜任时，便常常结合数人一起开盘递价，成交后按照品种成色的高低，搭配均摊，然后在晓市卖给小贩。在交易时，仨一群俩一伙，有的低声细语，把手缩到袂袖里，互出手指要价还价；有的因为价格有距离，双方互不让步，争得面红耳赤。此外，一些食品商以各种糖果为主，多是把手工作坊自制的糖块拿到晓市上摆摊售卖。儿童玩具商将小手工业者做成的木制刀枪、小锣、小鼓和各式各样的假面具、大小髯口以及剑、斧、钺、钩、叉等摆摊出售。晓市还叫卖日用小百货，如袜子、腿带、发卡、轴儿线、化妆品、肥皂、香皂等等。

在晓市上，还有一些被人们称为“赶洋”的商人。“赶洋”这个名词是由“赶毛”演变而来的。1860年天津开埠后，外国轮船源源驶入海河，停泊在码头，大批船员水手们都要登岸购买各种食品和日用品。

▼巨石台阶显露出当年房屋主人的高傲。

有些商人为了多赚钱，将商品搬到海河码头，专卖给外国轮船上的大副、水手们。早年人们称外国人为“毛子”，称这部分商人为“赶毛的”。后来，由于海河淤塞，轮船吃水过浅，外轮不能进入海河码头靠岸，改在大沽口外停泊了，因此“赶毛的”也就销声匿迹了。有一部分“赶毛的”商人就流入了估衣街的晓市继续营业，人们称他们叫“赶洋”的。他们的经营特点是以个人经营为主，不设店铺，不雇伙计，有时与同行三五人一起，合伙做一批生意，但不是长期

▼保存尚好的格扇门窗。

合作，均是一次性的，待一批生意结算完了，仍然各干各的。这些人一般资金不多，仅能维持生活而已。但他们的商品知识相当丰富，对市场的货源和销路非常熟悉，他们的商品信息非常灵通，对市场行情了如指掌。

在估衣街晓市，吃的、用的、小儿玩具，应有俱有，从而吸引着市内各个角落的摊贩，以及四乡八镇走街串巷的货郎小贩们每日群集晓市，选购各种商品。晓市来往行人拥挤不堪，还边走路边东张西望，惟恐没看见价钱便宜的销货。市内的各鲜货店也到这里来处理一些即将腐烂的水果。西瓜贩子拍击着两尺来长的西瓜刀，各种摊贩都非常忙碌，叫卖声、讨价还价声、争吵声夹杂着西瓜刀的拍击声，好不热闹。这种局面一直到上午9时才逐渐平静下来。晓市，一年四季，不论赤日炎炎的夏天，还是寒风刺骨的冬天，每天如此热闹。晓市的交易时间虽然仅仅是清晨，并非整日，但对天津的生产发展，经济繁荣，城乡物资的交流等都起到了不小的作用。 老照片：天津最早的老字号海货店——隆昌号。

话说估衣街的西口儿和东口儿

史伟

早年天津的繁华商业中心，虽说是以估衣街为最，但是西口儿外的北大关，东口儿连着的锅店街、单街子、大胡同和鸟儿市，也都是热闹非凡。估衣街就像一根儿扁担，东口儿和西口儿就像两个箩筐，没有扁担箩筐动不了，没有箩筐扁担要不开，配在一块儿，相得益彰，造就了估衣街的

▼ 体现生活化的浮雕，给人自然温馨的感受。

繁荣和商业品位。所以说完了估衣街，还要说说估衣街的西口儿和东口儿。

先说西口儿。北大关一名，虽然形成于清代，但只是个俗称，当年仅指今河北大街南口儿一带；在北门外桥和北浮桥（今天的金华桥）之间的那一段（今天的北门外大街），见于记载的“官称”为乐壶洞（也叫药壶洞，讹传为老虎洞）；昔日询诸父老，皆不知作何解释。自明清以来，这里便是进出天津的交通枢纽，人们形容北浮桥是“横排巨舰两涯间，车马如云日往还”；后来，又把户部钞关由京津间的河西务，迁移到河北大街南口儿西边的甘露寺，于是这里很快便形成为“商旅辐辏，屋瓦鳞次”的津门“第一繁华区”。庚子事变以后，天津城墙被拆，北门外桥没有了，沿城基修筑了宽阔的环城马路，乐壶洞之名也很少有人提及，北大关三个字远比北门外大街容易上口，于是北大关逐渐成了泛称，竟至替代了北门外大街，名传遐迩。尤其是北门里和北马路两旁，在北大关的带动下，也很快繁荣起来。北门里大街多为金店、当铺；而半里多长的北大关两旁，则因传统的关系，遍布着名铺老店，比如路西有隆昌海货店，裕泰永杂货铺，玉升茶叶店，中

▲ 因耳朵眼胡同而叫响了“耳朵眼炸糕”。

和烟铺，保和堂药铺，成记纸行，以及十锦斋、天一坊、恩德元、天盛号、一条龙、素香园等饭馆儿；路东有四合公鱼行，德记鸡鸭店，公升茶庄，长源合蜡烛店，聚通钟表店，联升斋鞋铺、鑫彩霞鞋店、祥德斋糕点店，祥德亨茶点铺，紫阳观南味店等等。

估衣街西口儿外，正对着竹竿巷，当年这里曾是南来的竹竿、杉篙和各种竹制品批发之处，后来成为山西帮钱庄、票号、颜料庄和土杂货批发商集中的地方。再往西是茶店口，据说从前这里有正兴德茶庄装卸茶叶的专用码头。

竹竿巷以南是针市街，以经营批发洋广杂货，特别是缝衣针而得名，后来成为纱布、茶叶、药材等行业内局批发之处。像著名的隆聚纱布庄、隆顺纱布庄、隆顺榕药铺、正兴德茶叶店、达仁堂药店等都开设在这里。此外，天津“八大家”之一、大盐商振德黄家的宅院，以及鸦片战争前以私囤和私售鸦片而闻名的潮义栈，也都在针市街。

由竹竿巷往北，便是昔日的小洋货街。当年天津的小洋货街有两条，一条靠近北大关，另一条在东门外东浮桥南。崔旭《津门百咏·洋货街》：“百宝都从海舶来，玻璃大镜比门排。荷兰琐袱西番锦，怪怪奇奇洋货街。”不过作者没有记下咏的是哪一条街。但樊彬（文卿）在《津门小令》的自注中说：“洋货街在北门外，玻璃灯镜，罗列高下，入其中者，如分亿万化身。”由此看来，崔旭所咏的洋货街，很可能就是北门外的洋货街。

过北浮桥即后来的金华桥，再往北，

▲ 笔直流畅的线条豪华而不失典雅。

便是河北大街了。街两旁集中了许多家经营土产杂货的商店，著名的有庆丰号和兴隆号瓷器店、永盛竹货铺等。这里还有一家仁义和棕藤铺，开业于1917年，从30

▶ 造型别致的招牌。

年代开始，通过香港万昌藤行专门进口印尼等国的棕藤原料，批发至华北、西北及长江以北各地，很有些规模。当年这儿还有一座普乐戏园，规模虽然不大，但在民国初年却是天津最著名的小戏园，李吉瑞、高福安等著名武生都曾在这里挑班儿演出，盛极一时。

从估衣街往南，有一条极窄的小胡同，被形象地称为耳朵眼儿胡同。庚子年前后，一刘姓回民在口儿外路东开设刘记炸糕铺，后来取名增盛成，这里的炸糕制作精良，风味独特，后来竟成为天津的名特食品，为左近增光不少。

再说东口儿，当年估衣街东口儿，仅止于归贾（家？）胡同和万寿宫胡同，再往东，便是锅店街了，所以过去不少记载把山西会馆列在锅店街上。锅店街东口儿，紧挨着单街子，直到70年代，方将估衣街、锅店街和单街子顺接成现状，统称为估衣街。

顾名思义，单街子只有一面临街，另一面临着御河（南运河），河对面便是巡盐御史衙门，天津开埠后改为三口通商大臣衙门，“天津教案”发生后，又改为直隶总督衙门，直到庚子年间。单街子上多为行医卜卦之人，所谓“津门好，河岸布棚开，红纸摊膏人买药，青钱占卦客求财，衣食此中来。”民国初年，南运河及三岔河口裁湾，单街子仅存其名，原建在督署前南运河上的开启式铁桥金华桥移建于北浮桥处，从此金华桥与老铁桥大街便分了家。大胡同也由南运河以北移到了河南，并且填平了这里的臭水湾，成为名副其实的大胡同。因其西紧邻估衣街、锅店街和单街子，东南挨着宫南和宫北大街，南衔热闹的东马路、北过金钢桥直达中山路和河北新区，所以大胡同及附近很快便发展成新兴的东北角商业区。商务印书馆、世界书局、大陆银行分行等先后在这里盖起了大楼，南口儿又建起了河北电影院。新金钢桥落成后，有电车直通河北大经路，桥南设有天津最早的长途汽车站，通往四乡及附近城镇，这一带真可谓四通八达了。

毗邻大胡同的是与“三不管”齐名的鸟市大街，其位置大约在今天的锅店街后身儿。鸟市形成在民初三岔河口裁湾以后，当年这里本是一片地势开阔的旷场，杂草丛生，空气新鲜，每天清晨不少人来此遛鸟，以至聚集了不少鸟贩子。后来又有许多小商贩支帐设摊，一般卖艺者流也相率在这里设了场子，逐渐那些拔牙的，行医

◀ 风格迥异的铁栅栏相互呼应，富有韵律。

的，卖野药的，出售戏词、唱本、武侠小说的大小书摊，甚至那些演什样杂耍、评书和蹦蹦儿戏的茶馆和园子，也先后来这里开业，从此鸟市便成了下层社会消闲、餐饮和娱乐的好去处，一天到晚，热闹非常，像著名的白记饺子馆就是在这里卖出名来的。至于那些专门卖鸟，卖鸟食、鸟笼子、鸟食罐，以及洗鸟、喂鸟、医鸟什么的，反而降到了次要的地位。

“衣裳颠倒半非新，挈领提襟唱卖频，夏葛冬裘随意买，不知初制是何人？”这是清朝人写估衣街的一首《竹枝词》，可见当年估衣街的经营门类还是比较单一的。后来随着周围地区商业的发展，估衣街以其优越的中心位置率先繁荣起来，反过来又带动和促进了左近的发达。由此可见，一个地区商业经济的发展，“氛围”是十分重要的。

◀ 投射在灰砖墙上的栅影。

书页里的估衣街

章用秀

“天津卫，有富家，估衣街上好繁华。”这是刊刻于1929年《天津地理买卖杂字》里的话。有关估衣街的介绍，不仅见之于天津的这种蒙学读本，而且从本市和外地

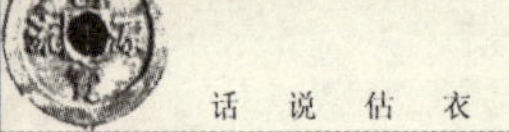

发行的旧书刊里也可找到一二。透过尘封已久的古籍残笺，借助于不同人的视角，仿佛我们又回到估衣街那旧时的市井，一览那百年老街的昔日风华。

▲ 估衣街上风韵犹存的古建筑。

最早记述估衣街的作品，据说是清咸丰时代的一首《竹枝词》：“估衣街上古衣多，高唱裙衫值几何。檐外行人一回首，不往里坐也来拖。”勾画了估衣街店家推销估衣的热闹场面。其后是光绪十年（1884）钱塘人张焘撰写的《津门杂记》引诗人唐尊恒所作《竹枝词》：“繁华要算估衣街，宫南宫北市亦佳。东北门边都是水，晴天也合着钉鞋。”不仅让今人窥见估衣街市廛的兴旺，也让今人得知百年前此街的外部环境。又，光绪二十四年（1898）印行的《津门纪略》（署羊城旧

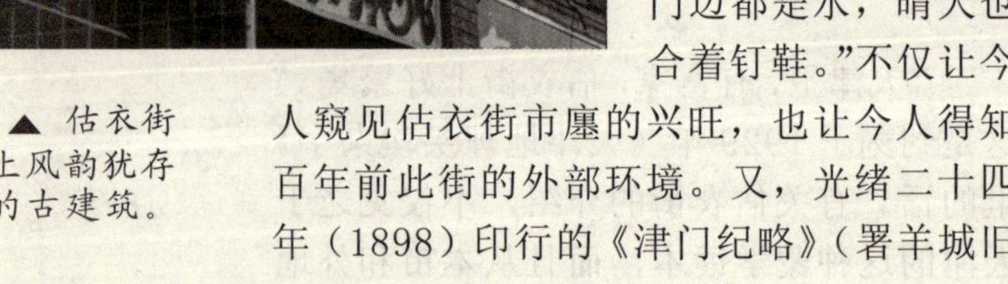

客撰）有《货殖门》一节，里面记录津门汇业、金店、银号、钱庄、绸缎庄、洋布庄、药店、南纸局、书庄等九个行业计197家字号的名称，其中有56家坐落于估衣街。内有12家绸缎庄，竟有10家开在估衣街。据此，天津师大的张守谦先生断言："这一略作弧形的'一条街'（指今天北门外东西两翼和天后宫南北两街）是当时天津经济活动中心，汇业集中的估衣街、针市街更是中心的中心。"（《津门纪略》点校说明）

在这之前，著名学者李慈铭的《越缦堂日记》对估衣街亦曾有过生动描述。李慈铭（1830-1894），浙江绍兴人，光绪进士，官至山西道监察御史。其人性情狂傲，不避权要。中日战争失败，闻讯感愤扼腕，卒于官。同治四年（1865），应周馥之邀来天津讲学，光是住在河北大街。他"度天津关浮桥，小游市里，人物填溢，百货纷罗，殊有都门气象"，颇感景象繁华。三天后，他又走进楼宇轩昂、店肆林立的估衣街，深为所动，且于《日记》中说："过估衣街，廊宇整洁，几及二里，殊以吴之阊门、越之江桥。"阊门是苏州著名的西市，唐代已十分繁华，许多诗人都有诗词吟诵，现今规模宏大的阊门饭店便坐落于此。江桥在绍兴城北，据《太平寰宇记》说，为晋护军将军江彪的居地。此处自古繁华，地灵人杰。来自江南的李慈铭将估衣街与历史悠久的阊门、江桥相比拟，可见这条商业街在大江南北的显要地位。

民初以降，估衣街一带依旧是车水马龙，游人如织，并占据着津城商业中心的位置。对此，民国小说家李燃犀的《津门艳迹》中有言:“南北着论，由北营门到北门;东西着论，由双街口到单街子。这个大十字街附近一带商贾辐辏，舟车往来、及早没晚。车马喧闹，行人拥挤。侯家后茶店门口有几家落子馆，北门外有两个大戏园。饭馆茶楼，鳞次栉比。所有这一带的娱乐场所都和商家铺户杂错在一起，更显得相形益彰，大有相依为命之势。”

描写民国初年估衣街景象的作品，还有1923年连载于上海《红杂志》上的一篇散文，名曰《津沽杂记》。此文已被收入上海古籍出版社近斯出版的《纸片战争——〈红杂志〉、〈红玫瑰〉萃编》一书。作者观察到天津一些绸缎店跌价贱卖的势头后，于文中说道:“如敦庆隆、如华竹（此为估衣街的，而亦天津式的），华丝葛减价到五毛钱一尺，也同上海的光景一样。”作者不

▲ 砖雕大多选取吉祥繁盛的题材。

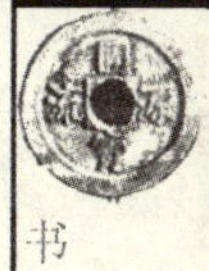

无遗憾地说："估衣街的绸缎店是天津式的，当然为天津人所欢迎，但南省人实不乐购，因其有一缺点，就是所陈列的绸缎当前几尺，都被风沙吹得光彩惨淡，客人去买却又不肯从里面另一头剪起，又谁愿花钱买旧料咧？此可见天津人生意手段的笨拙。"此文署名"求幸福斋主"，这是何海鸣的笔名。此人是湖南衡阳人。在近代中国史上，何海鸣以履历错杂而闻名，先后在汉口《大江报》、上海《民权报》、北京《又新日报》等任编辑主笔。除撰写评论外，也从事言情小说创作，还写过许多慷慨激昂鼓吹革命的文章，堪称民国文坛旧派的一员健将。从《津沽杂记》的内容上看，何海鸣写的是他由北京到上海途经天津时的

所见所闻。按现今经营之道来考察，何海鸣作为外地人，他对当时估衣街商家经营手段的评价也是别有一番道理的。

天津沦陷后记载估衣街较为详尽的作品有1943年三友美术社出版的《津门杂谈》。该书专有《估衣街的绝妙货声》一节。作者刘炎臣是老一辈文史掌故作家、津门老报人，他以亲眼所见勾勒出日伪时期估衣街的时势变迁及丑闻轶事。书中说：“谈到估衣街，在津卫的各行各业中，他们是一种极能耍嘴皮能说的行道，所谓‘生意口，估衣行的嘴’，可见估衣商这行的嘴，全是善于巧辩的。”他还提到，那时估衣街的商人多在店外吆喝叫卖。“嘿！这件大皮袄呵，春绸面子，卖了九十三块呀！”腔调是那么甜脆动听。又说：“他们

▲ 每只宝瓶的瓶形花纹及花卉图案都不一样。

在每一件衣服上虽然是全拴着一个写明价码的小布条，那只于形同聋子耳朵，摆设而已，照例是要谎很大，总得要经过一番要价还价的情形，才能成交。”书中提到一些估衣铺的估衣来源是“成批的买来，然后再按着单、夹、皮、棉、纱分成门类，随着一年四季情形出卖，他们与市内各当铺有来往，因为当铺里所收存的各种衣服，遇有过期未能赎走的，就随时成批卖给各估衣铺，所谓从当铺里打出来的衣服，全要归到估衣铺那里。”书中提到，估衣半新不旧，是高不成低不就、富嫌穷不要的东西，估衣商常用油滑的嘴高抬售价向“老赶”们敲竹杠，云云。

凭着新闻工作者的敏感，《津门杂谈》的作者在言及估衣街凋敝萧条的同时已深深意识到，帝国主义政治经济侵略及铁路的通达致使天津繁华中心南移，使得作为津门综合性商业街的估衣街业已失去地利优势。书中说：“由于近些年市区内各方面所起的沧桑小变化看现在的估衣街一带情形，似已不如它的当年黄金时代兴盛了。”

▲ 阳光射进罩棚，好像注入勃勃生机。

听歌估衣街

林希

估衣街北口有一家电影院，原来叫什么名字不记得了，只记得解放后叫河北电影院，每次和小弟兄们一起看电影出来，大家谁也不肯去乘白牌电车，一定要绕道估衣街回家。估衣街里有孩子们的什么事？估衣街卖旧衣服的吆喝声太好听了，就和唱歌一样，能引得人站在那里听一个晚上。

顾名思义，估衣街都是卖旧衣服的，据说这些旧衣服大多数是从当铺里转出来的。以我那时理解社会的能力，我也怀疑这个说法，因为当铺么，都是穷苦人家当进去的衣服，而在估衣街的摊位上，却常见颇为名贵的裘皮衣服，穷苦人家谁有这样的衣服呢？此中就又有讲究了，据说一些店铺将卖不出去的商品，类似后来说的积压商品，送到估衣街来卖，也就是相声中说的那种“吆喝着卖”。但估衣街的店铺不说是积压的衣服，只说是估衣，以表示这些衣服虽然也是旧衣服，却有来历，式

◀ 罩棚上的“古钱，云头”图案，富有象征意义。

样旧了些，但质地好，穿在身上仍然体面，够“份儿”。

估衣街的“吆喝着卖”简直就是一种表演，而且比街头艺人的表演还要动人，真是让人百听不厌。

▲ 中西合璧的回廊护栏。

估衣街卖旧衣服的店铺一家挨着一家，大的店铺比我们学校的两个教室还要大，店铺里坐着掌柜，神态颇是威严，店铺门外放着高高的一摞旧衣服，卖估衣的伙计，两个人就站在这些旧衣服的两旁，你一句我一句地对唱着，招揽生意。

估衣街的叫卖从下午开始，华灯初上时分达到高潮，这时候伙计们吆喝得也最卖力气，精气神儿更是十足，不仅仅是声音洪亮，而且还有许多诱导，类似今天的导购，什么“带着钱的，你算来着了”呀，什么“买了再卖你都占便宜”呀，充满了诱惑。在记忆中，那些叫卖估衣的伙计身体都十分健壮，好像没看见过骨瘦如柴的病夫，可能那样会破坏顾客的情绪，看着伙计的形象就再不想买他家的衣服了；而且每一个唱卖估衣的伙计都非常机智，临场发挥都非常到位，听他们唱上半天，那才是没有一句重复的，左边的伙计才唱出上句，右边的伙计就要接上下句，真和后来相声表演的那样，唱得有滋有味，令人听着极有兴味。

说到估衣摊，品位也不一样，有专门卖皮革衣服的，一人高的估衣堆，卖着卖着，真能翻出名贵的裘皮袍子来，那时候，我们小弟兄并不懂得皮革衣服的身价，但从围观顾客的反应可以看出皮革衣服的名贵，站在一旁，就发现顾客们的眼睛亮了一下，唱卖的伙计也来了精神，一个伙计把名贵皮革高高地拎起来，另一个伙计就要装出大吃一惊的神态，向他身边的伙计唱着询问："吆唤着吧，就吆唤出货来啦，说是八大家，也没见过这样的皮货呀，哪位王爷压箱的袍？怎么就卖到摊上来啦。"等等等等，引得后面的顾客使劲儿往前挤，唯恐看不清楚这件皮革衣服，其实真正要买的人并没有，但商家一定要把这件皮革衣服吆喝个够，以向过往顾客炫耀他家商号的品位。

估衣街的生意极是红火，吆喝到什么时候一个顾客就会拦下伙计，询问这件估衣的价钱，有心买的顾客也会把衣服接过来，翻过来倒过去地审视，看着货色不错，双方就讨价还价，谈到双方都接受的价位，顾客拿着衣服到柜上去付款，这时候伙计再向围观的顾客夸赞那位买走衣服顾客的好眼力。估衣街的生意应该说是货真价实的，绝对没有假货，估衣街和三不管不一样，不做骗人的生意。而价钱是双方谈定的，绝对不会上当，天津人爱去估衣街买旧衣服，说明估衣街的声誉不错。

人配衣服马配鞍，穿上一件质地好的衣服，人人都要高看一眼，在衣冠取人的

◀ 垂挂在街心上空的商家大旗。

时代，穿得寒酸的人，大地方真不让进，就和现在许多高门楼不坐奥迪就不让进门那样，如交通饭店那样的地方，过去，不穿好衣服的人是没有资格进去的。你说只进去看看还不行吗？看门的人就会恶凶凶地向你质问："这地方是你想进就进的吗？"

天津人嘴"损"，爱挖苦人，看见什么人穿上了质地好的衣服，眼红，就酸溜溜地问人家："估衣街买的吧？"表示人家家里不配有如此好的衣服。所以天津人最忌讳说去估衣街买旧衣服，天津人去估衣街，只说是去逛估衣街，和我们小弟兄一样，是听唱去的。

从估衣街学到了吆喝旧衣服的唱腔，

回到家里，小弟兄们就学着表演，放学回家，写完作业，小弟兄们就凑到后院去表演吆喝估衣，当然不能被家长发现。孩子们可以模仿孙悟空，可以模仿什么侦探拿贼，但不允许在家里表演卖估衣。倘被家长看见，那是要挨骂的。天津老式家庭有许多忌讳，一是不许扣算盘，第二就是不准模仿卖估衣——盼着败家呀？

估衣街吆喝着卖旧衣服的唱腔，我记忆得实在是太深刻了，那简直就是一种艺术表演，直到今天我还能够唱上两口，而且绝对是名师亲传：我相信让我去唱卖估衣，一定是个好材料，我能把一件普普通通的旧衣服，吆喝成皇帝老子的龙袍，保证能卖上好价钱。

估衣街听歌，真是难得的艺术享受，如今再听不到了，有时候听一段《卖估衣》的相声，也算是怀旧了。时过境迁，旧衣服没人要了，时装专卖店里播放时代歌曲，真出来一个人站在旁边吆喝一句："吆喝着卖了吧。"还真要把逛时装专卖店的时髦女子们吓跑了呢，"怎么精神病人跑到商场来了！"

估衣街留下了温馨的记忆，记忆里残留着旧日天津的安宁。

◀ 带天井的客栈。

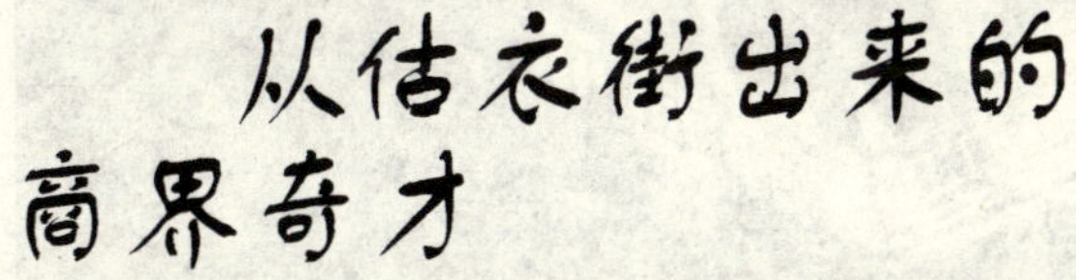

从估衣街出来的商界奇才

罗澍伟

在天津的商业发展史上，估衣街可算

是独树一帜，卓跞冠群。想当年，估衣街的商家字号不但买卖做得好，繁华热闹煊赫一时；而且通过多年来形成的传统与特色经营，培育和锻炼出一批精明干练、通权达变的俊异之士，被誉为“商界奇才”的宋则久，便属其中的铮铮者。

宋则久名寿恒，生于清同治六年(1867)，16岁入义德泰绸缎庄学徒，接手看管库房。他善于学习，做事勤快且井井有条，甚受老掌柜的钟爱。义德泰停业，宋则久被估衣街的庆祥绸缎庄聘去。此后，他

▼当年规模和档次数一数二的客栈。

◀ 精美的砖雕。

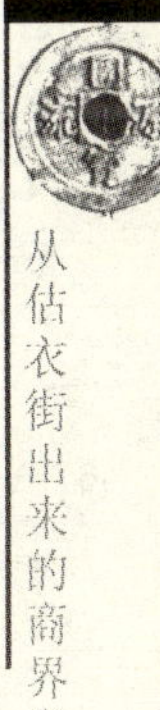

辗转至竹竿巷的隆聚洋布庄、估衣街的德生锦绸缎庄工作。经过十七八年的商海磨练，宋则久已在绸布业有了较高的声望，遂于光绪二十五年（1899）被估衣街的名店

敦庆隆聘为经理。

宋则久到任后勤奋敬业，对任何事绝不马虎。即便在夜间想起什么事，也要赶紧起来，随手记下。他在上海为敦庆隆进货，先要把本柜库存与销售情形掌握清楚，再用自编密码电报与柜上沟通信息，因此敦庆隆的绸缎布匹始终品种齐全，畅销货从不断档。

宋则久善于总结经验，他通过多年实践，认定“商业是一门很高的学问，没有一定的文化知识是不行的”。所以敦庆隆进学徒要经过考试，录用后还要进行专业培训。20世纪初，正值天津兴办学堂高潮，宋则久抓住机会，在店里办起三所商业半夜学堂，自编教材，自任教师。他写的《买卖法》一书，总结了半生“东碰西撞，悟会揣摩”的成才经验，极为实用，备受学徒与学员的欢迎。

20世纪初的天津还是北洋实业的中心。当时的直隶总督袁世凯命道员周学熙为直隶工艺总局总办，先后创设工艺学堂、实习工厂、考工厂、工业售品所和工商研究会。宋则久激于爱国热情，积极参与其事，被聘为考工厂的议绅、评议员和工商研究会长。光绪三十三年（1907）敦庆隆在首次劝业展览会上，以货品精良、价格公平、招待妥善获直隶工艺总局颁发的一等奖。不久又在南京举行的南洋劝工会上，以经济和学徒教育两项参赛，获农工商部颁发的优等文凭。

与此同时，宋则久还用过人的精力，招股开办天津造胰公司，筹组国外工商图进会，准备出境考察。辛亥革命的胜利，给了宋则久极大鼓舞，他率先带领全号职工，剪掉发辫。为身体力行提倡国货，还发起组织直隶国货维持会；不久又辞去待遇优厚的敦庆隆经理一职，接办了天津第一家专售国货的百货商店工业售品所，并在所内进行一系列的改革，如通过考试公开招

▼ 罩棚的天花板堪称一景。

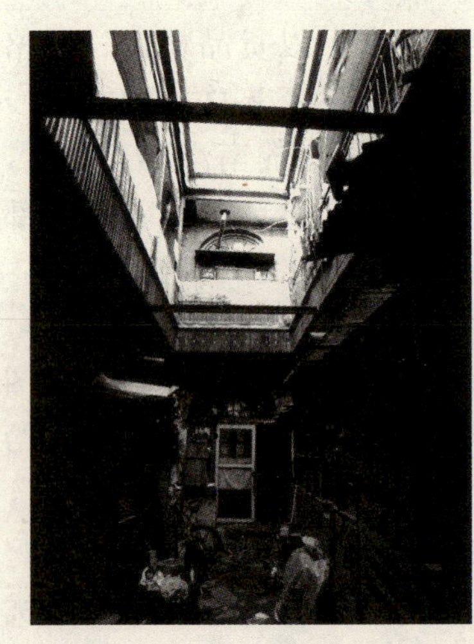

▶ 昔日小客栈。

收学徒，开展职工教育，改善职工生活，建医疗保健设施，实行退休金和抚恤金制等等，这些都是其他商号没有做到的，为经销全国的国货，天津工业售品所于1923年改名天津国货售品所，聘用爱国女青年刘清扬、邓颖超为临时顾问，

▼ 估衣街周围民宅。

还根据她们的建议，破例招收女店员。

1928 年经河南省政府主席冯玉祥的推荐，宋则久出任河南省政府委员和工商厅长。天津沦陷后，他在逆境中挣扎了八年。抗日战争的胜利，再度激起了这位“中国讲求商战第一人”的事业心，他准备再干一番，将天津国货售品所更名中华国货售品所。尽管此时他已是78岁的老人。宋则久为什么总是孜孜以求？这主要是由于他一生最重“精神”二字，他尝言，人无精神，虽生犹死；国无精神，虽存犹亡；有精神则万事进步，为此，他专门刻了一枚“不息则久”的石章，用以自励。

解放后，周恩来总理特请刘清扬赴香山探望宋则久，并邀他参加政治活动。1956 年1月，88 岁的宋则久走完了他不平凡的人生之旅，病逝于香山寓庐。

估衣街上学买卖

王维刚

天津发展成中国北方的商业中心，重要的促成因素之一是对商业人才的吸引和培养。当年的估衣街可以说是天津早期商业人才的培养基地。

我们现在谈到"学生意"（天津人俗称为"学买卖"），往往注重贫寒子弟在小店铺做学徒遭受的苦难。其实，在天津的过去，历来有"学手艺"和"学买卖"的区别。前者是学习技术做工匠或手工业者，后者是学习经商，做商人。做商人也不同，炸果子、制鞋等行业能培养的仍然是小商小贩，而大型商业机构才能培养出高素质的经营管理人才。所以，到估衣街上的"元隆"、"谦祥益"、"晋昌源"等内外局（批发和门市兼营）规模经营的大商号、大银号、大五金号、大皮货庄去"学买卖"，并非只是穷人的子弟谋生之路，甚至这是穷人的子弟难以望其项背的事情。当年，能够进估衣街的大商号做学徒，成为中产以上经商之家培养子弟的理想途径。因此，天津有句俗谚："不穿三年木头裙子（指站柜台），学

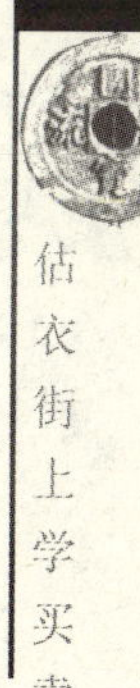

▲ 大户人家隐蔽的侧门。

不成一个买卖人。”

以我家为例，本世纪30年代前经营着已具规模的土粉庄、五金号、典当、药材庄等生意。祖父一辈和估衣街上的“元隆”等资东交好，而叔伯一辈就有多人在估衣街上的几家大商号学买卖，三伯父后来虽然经营着自家的棉花庄等生意，因有学买卖的过程，仍然受挽留为“元隆”打工，做外柜（大业务员），吃红利，似乎还负责调解劳资纠纷一类的事。

这些富家子弟去学买卖，与那些立契学徒，以后仍为本店效力的“门屋徒”不同，他们一般不形成和企业的人身契的关系，所以不属于“写字儿学徒”。但在学徒期间，他们享受的唯一优待是吃“掌柜”一级的伙食。但仍然要严格遵守做学徒的规矩，不准穿绸着缎，不准留头发（一律小平头），不准吸烟喝酒，不准随意外出，更不准去吃喝嫖赌。当然，他们可以不经过做繁重体力劳动和认师傅做“私徒”伺候师傅生活琐事的阶段，可以直接做“站柜”、“了高”（招呼进店的顾客），循序渐进地学到照顾内外柜业务，组织进货，成本核算，

▶ 尘封网结的高墙。

▲ 库房的大门栓。

策划经营，统筹资金等高级阶段。据我现已七十多岁的堂兄介绍，他当年在估衣街某大皮货庄学生意时，开始仍然和学徒们在每天晚上“过堂”，由“掌柜”（不是投资人，是门市经理）总结这一天每个人的表现，犯规出错的要受到责打。隔一段时间，“掌柜”要把各种裘皮皮统铺满一炕，让学徒一一说出非内行人难以搞清楚的名称、产地、制作过程、质量差异、用途、顾客对象、行情变化等内容，说错了就要挨打。而就是这样的“强化训练”，使得十七八岁的学徒们在短短半年中能接受上百种裘皮的

商品知识。仅狐皮一项，他时隔五十年仍能一口气说出几十种，可见当年学到的知识多么牢固。

大约自清代光绪末年，朝廷进行变法改良，天津总商会为盐商和商人子弟办起了“甲等商科学校”（原址在东马路）等培养商业人才的现代教育机构，富裕人家送子弟去学买卖的做法才有所改变。

天津商贸界历来有“潮汕帮”、“山东帮”、“山西帮”的区别。最

▲ 古老的庭院架起了现代的天线。

▲ 民宅大门石礅。

初，是因为各地商业人才被天津的经营投资环境吸引纷纷来此开发市场，而由他们从家乡带过来的子弟以及招收的员工日臻成熟为出色商业人才，又自己开店自成事业。如创办“元隆”的胡树屏和孙粮轩就是“益太昌”的学徒。著名的爱国商人、创办了“天津国货售品所”的宋则久就是原在“义德泰”学徒，后任“敦庆隆”的经理。津城知名的“成兴茶庄”则是“正兴德”老店的员工离店自办的。可以说，到本世纪三十年代初以前，天津原有和新兴的知名商业企业的经营管理人才，和估衣街这个商业人才培训基地都有着一定的渊源和联系。如果说是天津的市场高消费需求孕育了“银子窝”估衣街这个实力雄厚的商业市场，而这个适应高消费的商业市场又成为了培养近代天津高素质商业人才的“聚宝盆”。

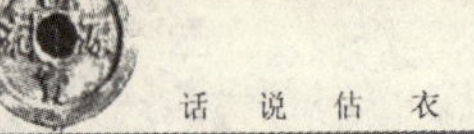

▲ 把影壁与栅栏相交融，实属少见。

日本人记估衣街一带商业漫谈

林开明

日本与中国一水之隔。清代同治年间，日本多次派使臣到天津与李鸿章交涉通商事宜。1873年与清政府正式建交。日本政府出于与西方列强对华争霸的目的，认为日中在种族、地理、历史、文化上关系密切，应加强对中国“国情民物”的研究，才能“知己知彼”，“深谋远虑”。天津作为中国北方重要商贸城市，早在日本当局视野之中。

19世纪80年代，金子东山的《支那总说》、仁礼敬之的《北清见闻录》，对天津粮行、盐业、当铺、洋行、关税、交通、物价等方面都有记述。估衣街一带是天津棉纱棉布行业集中的商业区，天津开埠后仅次于鸦片的洋布大量输入，经销洋布成为这里的特色。《北清见闻录》（1888年）曾谈及天津洋布商为什么多从上海洋行购入的原因，一是上海洋布较天津洋行销售的价钱便宜；二是天津银价比上海贵，每百两贵二两六钱。故被称作“一举两得”，可

▲ 高墙罩棚更加深了估衣街的历史沉重感。

获厚利。这时已经存在的隆顺、瑞蚨祥就是这样经营的。瑞蚨祥在上海还设有驻庄，直接采购。该书还记载天津这时专售日本瓷器有两家，其中一家在锅店街叫庆春永，其售价昂贵。作者认为，天津瓷器多为江西产品，式样适合上流社会嗜好，如日本瓷器式样也能改进，且价格低廉，“销路愈能扩张”。

1895年《马关条约》和1901年《辛丑条约》签订后，列强对华侵略加深。日本在天津势力进一步扩张，对天津社会各方面状况积极调查研究。1902年日本农商部派人带领法学博士春山泰治到天津考察市场。他写的另一部《北清见闻录》指出，庚子事件后天津社会秩序将逐渐恢复，预言未来天津将出现“鸟歌花笑的好景”，并举出诸如海河裁弯、塘沽天津间水运便宜等理由，鼓励日本加紧向天津倾销商品。他还对天津地价进行调查，指出天津华界地价唯北门外一带最高，每亩银一千两左右，而城内、东门外、南门外、西门外的地价每亩只在二三百至七八百之间。估衣街一带商业繁荣促使地价高涨的情况被反映出来。另一部于1909年出版的《天津志》，是天津日本驻屯军司令部组织来华官员、学者、商人经五年多“广查实情，深究现状”后编

◀ 被风蚀的砖墙仍看得出当年设计者的匠心独具。

▲ 买卖人家的小宅院。

写的。书中前言称，天津历来是发生“对外事件胚胎所在地”，所以《天津志》的出版对了解中国事情大有“裨益”。书中对久已闻名的估衣街一带商业写道，天津“街道中最繁华的是北门外一带的锅店街、针市街、估衣街”，这里“大多是海产品、棉栈、棉布之批发。在估衣街，多是各种纺织品、衣服、毛皮、杂货和金银首饰店。锅店街大

◀ 耳朵眼胡同内的百年老字号已面目全非。

多是富豪大贾”。被列入书中的大洋布庄有隆顺、元隆、敦庆隆、瑞蚨祥、瑞林祥。其中瑞蚨祥、瑞林祥还兼营银号，资本额达五万两，为当时银号中资本最雄厚的两家。这些字数不多的记叙，是日本人最早对估衣街一带繁荣商业地位和诸多商品门类的关注。比较天津开埠前以贩卖估衣为主，所谓“估衣街上估衣多”，“挈领提襟唱卖频”的情况已有很大变化。

反映第一次世界大战前后，有关天津社会经济状况的著作《直隶省别全志》，1920年由日本东亚同文会出版。该书是其所属上海东亚同文书院各届的日本学员，从1907年开始，经过十年实地调查后编成的。书中涉及天津商业的记载，依然指出北门外的估衣街、锅店街、针市街是“市街

▼ 磨砖对缝的墙体百年无损。

▲ 女儿墙把建筑群连接起来。

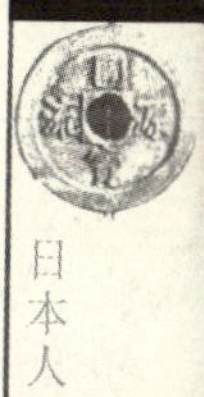

中最繁华的”。在列举这一带经营的各种商品中，较上述多出一种“药材”，这当是指包括1914年在估衣街开张的达仁堂等一批药店。对棉纱棉布经营，书中特别指出“竹竿巷、针市街、估衣街店铺及附近的仓库，其信用程度最大”。值得注意的是在估衣街与北马路之间有中国银行和日本正金银行的记载，为地方志书中少有提及。国家级银行在这里设立支行，反映估衣街一带商业兴盛带动金融业的繁荣。当时日本商品充斥市场，这里不少商家经营日本货。还有的商家如棉布商瑞兴益、同兴益在日本大阪设有驻庄，直接购入日货。正金银行在这里出现，为商家与日本贸易提供存贷款项、汇兑业务的方便条件。

较《直隶省别全志》晚两年出版的《天津北京案内》，记载天津各方面情况更为齐全。作者小仓章宏是日本舆论工具天津《新民报》社和《日华公论》杂志社的社长，可谓“天津通”。书中描述，北门外是“天津最发达的商业区，各种中国商铺、银行栉比，行客不绝，热闹至极”。反映出20年代估衣街一带商业达到鼎盛时期。

◀ 由上千块蝙蝠祥云木雕组成的装饰档板。

估衣街的壬子劫难

曲振明

估衣街是天津繁华之地，旧时这里商贾云集，百货陈列，一片太平景象。可是在1912年3月2日的“壬子兵变”时，这里却成为兵匪抢劫掠杀的重灾区。

辛亥革命后，袁世凯窃取了民国大总统的职位，当1912年2月南京临时政府“迎袁专使”到达北京时，他唆使部下发动兵变，以达到他留在北京的目的。北京兵变后，在袁授意下，由直隶都督张镇芳、天津镇守使张怀芝、天津警察厅长杨以德等一手策划了天津兵变。

按照丧权辱国的《辛丑条约》规定，本来天津城内不准驻军，城内安全秩序由警察、保安队、商团负责。3月2日(旧历正月十四日)早晨，张怀芝所部巡防营和津北韩柳墅驻兵一个团奉命开进市区。与此同时，整个城区警察奉命撤岗。变兵分三路入市，其中一路由河北大经路、西窑洼一带，经大胡同进入估衣街。估衣街上集中了谦祥益、瑞蚨祥、瑞增祥、瑞林祥、瑞

▲幽深的过道。

生祥、益和祥、庆祥、隆祥等“八大祥”和元隆、敦庆隆等大绸缎庄，布匹、呢绒服装商店。这里市面繁荣，当然成为兵匪重点洗劫的对象。变兵进入估衣街后，开始对各家商号的抢掠烧毁活动，这种烧掠一直持续到深夜，火光映红了天空。

面对兵匪的暴行，估衣街上的许多商号束手无策。但也有的商号采取了对抗措施。如位于估衣街西口的敦庆隆，经理宋则久得知变兵抢劫，立即组织店员们烧了几锅滚烫的开水，灌进救火用的水龙机枪。当变兵砸门时，指挥店员从楼上用水机枪喷开水，同时又

▼ 极富乐感的木制围栏。

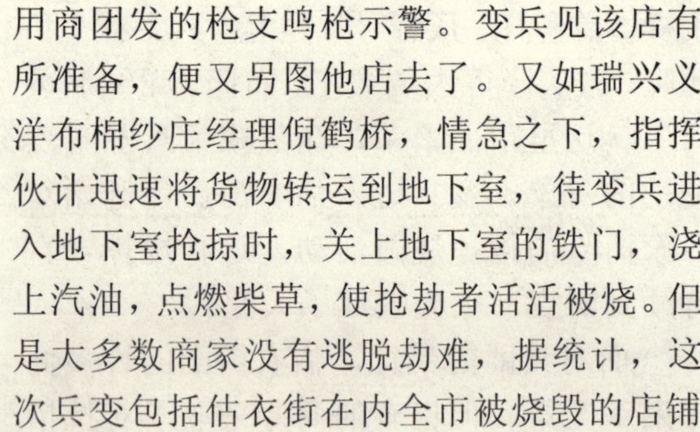
用商团发的枪支鸣枪示警。变兵见该店有所准备，便又另图他店去了。又如瑞兴义洋布棉纱庄经理倪鹤桥，情急之下，指挥伙计迅速将货物转运到地下室，待变兵进入地下室抢掠时，关上地下室的铁门，浇上汽油，点燃柴草，使抢劫者活活被烧。但是大多数商家没有逃脱劫难，据统计，这次兵变包括估衣街在内全市被烧毁的店铺达三百多家。劫后许多商店都贴上“本号抢劫一空”的纸条，场面十分凄惨。

▼ 当年进口的地砖平整如初。

变兵抢劫了一天一夜，拂晓前满载抢掠品退出市区，一些笨重、不易携带的物品被扔在大街。第二天，杨以德以弹压为名，将一些贪拾财物的市民予以拘捕，约一小时内就逮捕了二百六十多人。当时著名

▲ 全封闭的高架走廊。

的译作家林琴南先生在津经历了兵变，并在第二天来到估衣街，目睹了劫后惨状。他对天津警方滥杀无辜的做法十分痛恨，他在《十四日天津果大惊》一诗中云：“鸷贼人人囊橐丰，细民尾逐疗饥穷。巡卫匿赃易衣出，反以逐捕矜奇功。北门骈戮百有二，真贼不与仍从容。贼曹屏息无敢指，转与奖犒本调融。纵兵为盗既无计，宜罪反赏谁从公？……”林琴南以敏锐的眼光戳穿了袁世凯“纵兵为盗”的把戏，真实地描写了当时骇人听闻的场景。

经过“壬子兵变”以后，估衣街的商业一蹶不振，直到30年代才走入繁荣。

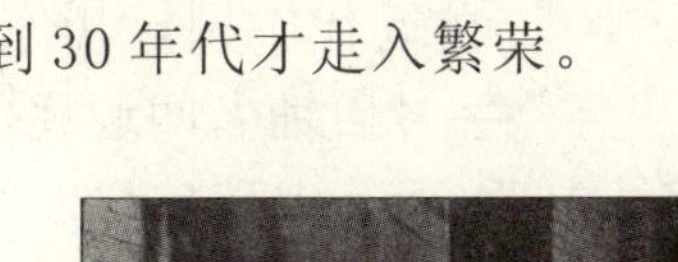

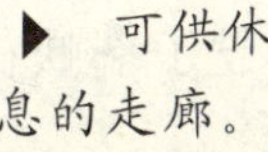

▶ 可供休息的走廊。

▲ 瑞蚨祥的门脸。

话说瑞蚨祥

崔世昌

在近代中国，山东章丘孟家经营的“祥”字号店铺名闻遐迩，形成有名的“八大祥”。而其中瑞蚨祥以经营最好、势力最大，居“祥”字号之首。瑞蚨祥的总经理是孟雒川。他在光绪年间先后在济南、青岛、北京、天津、烟台等地开设了瑞蚨祥绸布店。

天津瑞蚨祥设在估衣街上。孟雒川委任其族人孟访溪为首任经理。天津瑞蚨祥创立之初，主要以经营绸缎为主，同时也销售济南、章丘一带生产的土布。由于能满足不同层次消费者的需求，资本积累很快。到 19 世纪末瑞蚨祥已在天津扎下根来。

1900 年八国联军经由天津进攻北京，兵荒马乱，天津瑞蚨祥的发展一度遭挫。《辛丑条约》签订后，孟雒川决定北上考察京津地区的瑞蚨祥在经过战乱后的经营情况。时值袁世凯任直隶总督兼北洋大臣，驻节天津。孟雒川得知这个消息后急忙去拜见。原来，孟雒川与袁世凯并不陌生，在袁

◀ 动感十足的“瑞蚨祥”罩棚铁栅。

▲ 流畅优美的石雕图案。

世凯任山东巡抚期间，曾与章丘孟家有过来往，自然与势力最大的孟雒川接触最多。孟雒川的这次拜访，无疑给天津瑞蚨祥变相地做了一次宣传。津门老百姓都知道原来这瑞蚨祥的东家与封疆大吏是老相识，于是纷纷去瑞蚨祥绸布店一睹店铺的风采，并购买布料，瑞蚨祥的名声从此扬于津门。

▼瑞蚨祥的双层木楼。

1908年，孟家又在估衣街开设了瑞蚨祥鸿记布庄，1921年又开设了瑞蚨祥西号，1932年又开设了瑞蚨祥庆记，铺面越来越大。估衣街从民国初年至1931年“九·一八”事变前，由于商业发展，南北

▶ 百年老字号“瑞蚨祥”。

客商汇集，一直是天津的商业中心。而在估衣街的商号中，名声最响、势力最大的当属瑞蚨祥。其职员在鼎盛时期有二百余人。

说起瑞蚨祥的店铺建筑，也是很独特的。它既不同于中国民族传统的旧式店铺，也与劝业场、中原公司等近代商业建筑的风格迥然不同，

▼ 瑞蚨祥宽大的罩棚显得沉稳而严谨。

然而，它却与北京的圆明园有着密切的“亲缘”关系。

举世闻名的北京圆明园，曾建有“西洋楼”，落成于 18 世纪中叶，它是在中国的土地上第一次大规模成群兴建的西方风格的建筑。1860年圆明园为英法联军劫掠焚毁，成为一片废墟，仅“西洋楼”尚存部分残迹。

根据历史资料及现有残迹来分析，“西洋楼”建筑基本上属于意大利巴洛可建筑风格。这些“西洋楼”均由墙体承重，大多采用汉白玉石柱，楼房墙身或嵌琉璃花砖，或抹粉红色石灰。屋顶为中国宫殿式琉璃瓦顶，但不起翘。平面布置、立面柱式、门窗及栏杆扶手等都是西式做法，细部装饰为西洋雕刻中夹杂着中国传统花饰。处于“盛世”的乾隆非常欣赏这些充满异国情调、造型奇特的新颖建筑，“西洋楼”自然也就具有了“正统”的身份。在它的影响下，“洋式楼房”、“洋式门面”在北京地区如雨后春笋般兴建起来。“西洋楼”引导了北京颐和园石舫和万牲园大门的出现，以及前门外大栅栏八大祥（瑞蚨祥、谦祥益）等大型商店的改观，形成了所谓“圆明园式”特有风格。

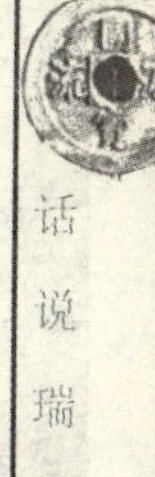

▲ 瑞蚨祥与山西会馆相邻。

这以后又影响到天津。估衣街以经营绸缎为主的瑞蚨祥商店，它的立面造型采用了意大利巴洛可手法，又结合中国古典建筑的细部，形成“圆明园式”的外观。因而，天津估衣街与北京大栅栏街景有惊人的相似。

▶ 谦祥益的办公用房。

谦祥益和八大祥

金彭育

这是什么建筑？三层清式楼宇金碧辉煌，飞檐翘角，雕梁画栋，木雕典雅，砖刻古朴，古香古色，气势恢宏。坐落在估衣街78号的百年老店谦祥益是市重点文物保护

▶ 走进谦祥益就像走进艺术殿堂。

单位。这是一座三进天井外廊式砖木结构楼房，坐北朝南，占地面积 1678 平方米，建筑面积 3438 平方米。楼房小青瓦顶，条石作碱，青砖砌墙，磨砖对缝。深灰色瓦当图案古朴浑厚，无言地叙述着历史的沧桑。

从估衣街拐进大门，便是带罩棚的大前庭，两侧上端砖刻图案生动。往前行，200 平方米的店堂宽敞明亮，美国松立柱直通穹顶。天花板和栏杆有金色花纹，显得雍容华贵。二楼雕花木栏杆上的图案已凸现出来，这是“文革”期间用白灰掩盖的，但有的已经损坏了。据介绍，图案为寿桃的，寓意为福盘寿；蝙蝠型的，寓意为福送财。

谦祥益的东家是山东章邱县旧军镇孟家。孟姓为望族，善于经商，主要经营棉布、绸缎、茶叶，店铺均为“祥”字号。在京津和武汉、山东各地均有商店。济南有谦祥益内局、青岛谦祥益并附设金店，汉口有谦祥益二处，北京廊房有谦祥益一处。上海谦祥益是专为各地的谦祥益在沪杭一带采购商品的。天津有谦祥益两处，即估衣街保记和现滨江道辰记。“八大祥”是从

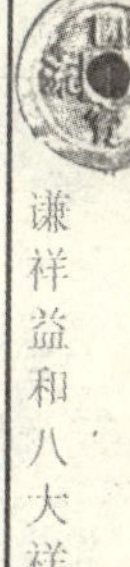

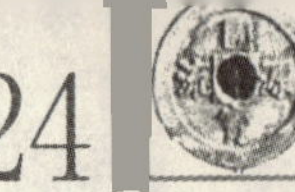

▲ 谦祥益保记基座下的花卉浮雕。

清代在天津陆续开张的。这“八大祥”是：瑞林祥、瑞生祥、瑞增祥、益和祥、谦祥益、庆祥、隆祥和瑞蚨祥。天津瑞蚨祥坐落在谦祥益隔壁，为估衣街 76 号，现建筑已有很大改变。“八大祥”中，有五家坐落在估衣街附近。而如今，保留完好的只有谦祥益，殊多不易。

去年夏秋之际，我们因拍摄电视节目《聚焦房地产》中的一个栏目《谈古

▶ 西洋建筑风格的“宝瓶”造型，经过传统式的装扮，点缀在谦祥益的墙体上很是协调。

◀ 细致入微，繁简有序的木雕，体现着谦祥益保记一丝不苟的商业精神。

论今话住房》而来到这里。看到这保存完好的古建筑，颇为高兴和欣慰。据该店经理介绍，多年来，来这里已拍摄的影视片已有十多部，最近的一部是《劫杀死囚·1946》。

走进这古旧的房屋，仿佛穿越了时空，中堂、对联、条幅、八仙桌、太师椅、

▶ 谦祥益将自己的经营特色刻在墙体上。

条案、百宝架，大多都是原有的。房间高大，大漆木隔扇，呈放射状的拱形门窗，高陡狭窄的楼梯，仿佛讲述着一个个古老传说的故事。

谦祥益的创始人孟养轩，名广宧，字以行。其子孟昭斌，名乃全，号保平。保记取其子号中一字。有保开业、保经营、保营

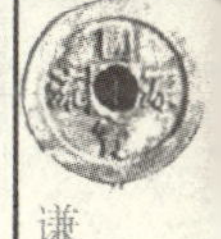

▲ 谦祥益保记基座的汉白玉石雕。

利、保平安之寓意。谦祥益是先买地皮盖房然后开业。之所以如此，一是不受房主的控制；二是可以根据自己的需求式样建房，并要求坚实牢固。该房建于民初，建楼时，监工是孟养轩岳父陈建侯，陈是直隶建造局总办，对建筑

▲ 谦祥益钢架罩棚，气势非凡。

▲ 谦祥益柱头上古老的灯架。

很内行，因此对质量要求极严。其样式出于保险意图，外面看不到门脸，临街是高楼大墙，进门是大罩棚，楼顶有风火墙阻隔，四周邻房起火，它可以不受灾殃。

——取其“保平”谐音“宝瓶”，外面栏

杆上有彩色宝瓶花饰．至今图案精美，历历在目。

——由于砖厚房高，冬暖夏凉。那天我们从外面进屋，虽街上气温高达33摄氏度，但进屋，不用空调电扇，依然凉爽宜人。

——店堂靠近房顶处，有大漆方盒，内

▲谦祥益匾额。

▲ 谦祥益匾额。

有轴，放纸绳和麻绳．用于售货捆扎布料，现已闲置。——进店堂两侧各有一块镶嵌在花梨木雕框中的长方玻璃镜，约 5 平方米，厚 5 毫米。

这是有百年历史的比利时进口镜子，从镜中可清楚看到店堂任何部位，堪称奇观。

作为天津商业摇篮的估衣街，像谦祥益这样的知名老店还有不少。这些店铺，以其平民化、特色经营和物美价廉而享誉中外。1986 年天津市政府重新修复了估衣街，使这些老店又恢复了青春。

▲ 谦祥益保记开阔的天井好似宫廷一般。

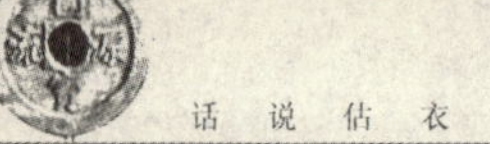

▶ 估衣街元隆绸布庄招贴广告。

元隆绸布庄与胡树屏

杜少川

元隆绸布庄，是由胡树屏和孙烺轩合伙于光绪二十二年（1896）在针市街义兴栈开设的。胡树屏（1850-1927）祖籍浙江人，自称天津人。他九岁失怙，幼年从胞兄（是个教书先生）学得文化及书算技能，并在其兄资助下在益太昌棉布店学做生意。他学做生意一贯努力勤快，很得经理芮辅庭的赏识器重，很快由学徒当伙计并吃上股，后升为领东的经理。他与另一名领东孙经理两人工作都是兢兢业业，营业效益很好。益太昌是芮辅庭独资的买卖，他坐享其成。可是他对委托做生意的两位经理不放心，平日对二位经理防备很严，偶有微瑕就当面申斥。羽翼渐丰的胡、孙二人不原久居人下，遂共同商议，一起向芮提出辞职，合伙开设元隆绸布庄。

元隆资本总额为白银两万两。胡树屏、孙　轩、胡子影与郑某各出资五千两，胡树屏、孙　轩任经理。不久胡子影与郑某先后退股。元隆初开业只经营内局批发，从上海进货，因地区差价不多，赋税又重，加上从业人员二十多人的开支，仅一年多的时间就把原本赔光了。这时，孙　轩主张收摊，而胡树屏则主张改变策略，还要大干，就是剩下自己一个人也要干下去。这样，孙　轩也就跟胡树屏继续干了。

第二年在估衣街租得新营业门市一

处，前部为门市，后部做批发。元隆很快得到发展壮大，成为天津市第一流的绸布商店。

元隆绸布庄有高超的经营技巧，表现在：第一，门市上创本牌色布。用高底子白

▶ 以经营绸布闻名津门的元隆绸布庄。

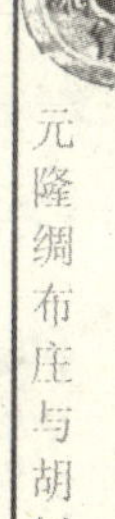

布，由定点染厂专门人工缸给染，用本号标牌，颜色真，不缩水，尺码足，耐穿用，外地称赞天津染色布货真价实，童叟无欺，深受人们的欢迎。第二，服务热情周到。对一般顾客有迎有送，有座有茶；对大顾主敬纸烟，给糕点或留餐；帮助顾客挑选时新称心的绸布，千方百计让顾客满意，下次再来；若有空手出门没买货者，经理必追究接待人员的责任，查找原因，改进接待工作。第三，在上海及日本派专人从事了解商情信息购货营销工作，保证元隆进头水货、畅销货，避免积压，增加盈利。第四、结交大户，做大生意、常年生意。设专门“走街”人员，经常了解富商大贾、

▲ 元隆罩棚的铁栅。

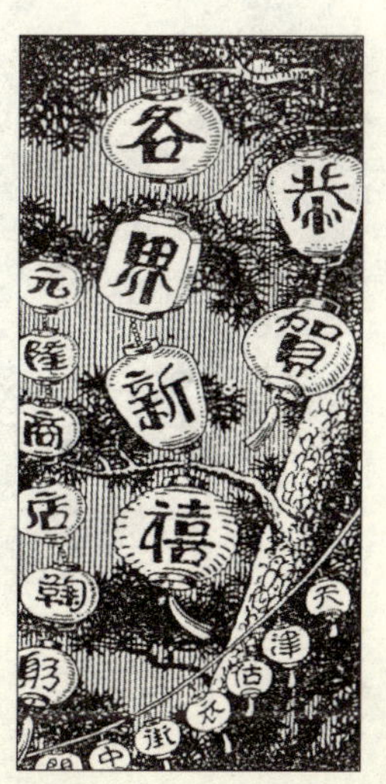

▶ 元隆绸布庄当年的贺卡。

官僚政客，军阀寓公们的家底、婚丧嫁娶、生日满月等活动日期、所需绸布用量，适时送货上门。立摺子“三节”算账。据说这类大户人家元隆掌握有数百家，后来达到一千余家。

元隆绸布庄，在胡树屏经理的苦心经营策划下，加上胡与孙的密切合作，买卖愈做愈兴隆，赚了大钱。但他们从不满足现状，不断寻求新的发展。元隆见天津、上海两埠贸易往来频繁，他们就兼办申汇，仅此一项盈利就能保住元隆的大部分开支。

▼ 经历风风雨雨的老院落。

胡与孙两人运用在益太昌棉布店获得的经验，承包军活、制作军装，获利甚多。后来政局不稳，马上改为承包铁路员工制服，也

◀ 象征吉祥的雕饰使窗子一下有了灵气。

赚了许多钱。欧战前夕，胡、孙两人计议，大战爆发，西洋货源必断，赶快从英商手中订购大批英货。果然不出他们所料，大战打起来后，英磅贬值，结算时他们得到好处。加上因为打仗洋货奇缺，价格暴涨，元隆卖这批洋货获得大量利润。元隆还发新券财，1919年发售“红贴”，现卖现写，起到吸收无息存款的作用。后来发展为“礼券”，既收了大量的预付货款，充实了资金，又加快了推销商品。

元隆发了大财，胡树屏和孙家都成了所谓天津“八大家”的成员，名声甚大。据

▲ 这种朴实无华的柱头显得沉静大方。

说胡树屏是天津商人出门坐自己汽车的第一人。胡树屏的事业，除元隆绸布庄外，还有与人联办的晋丰银号（当时有名的大型银号）、元聚棉布庄和元裕棉布庄。这四处买卖中，胡最重视的是元隆和晋丰。胡家原住西头高家大门，弟兄分家后迁居河北西窑洼，宅基四亩有余，五道院，有花园、楼阁。民国六年（1917）闹大水，个人捐款5000元赈济灾民，“乐善好施”的大匾就挂在这里。发大财后，胡树屏每年冬季向贫民施舍玉米面几万斤，特别是他还向老百姓无偿施舍医治慢性疾病的胡氏金丹，远近来元隆接受施舍丸药的人还不少。每逢寿日，贺客盈门，汽车排到恒源纱厂，派头十足。

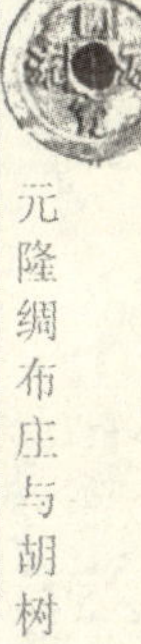

▲ 敦庆隆的广告画。

估衣街上的老店
——敦庆隆

刘秀兰

估衣街是天津最古老的一条商业街。

这条老街上专营纺织品的老字号、棉纱庄、纱布庄有十几家之多。它们当中既有“祥”字号的八大家如谦祥益、瑞蚨祥，也有棉纱批发鼎盛时期形成的新八大家。敦庆隆绸布店就是新八大家之一。

敦庆隆于1898年在估衣街97号开业，是乔、纪两家合资，赵认池为经理，它早于1908年开业的瑞蚨祥鸿记和1914年开业的谦祥益，略晚于1896年开业的元隆。

◀ 敦庆隆绸缎庄。

敦庆隆主要经营棉纱、棉布、呢绒、绸缎，品种齐全，不仅零售还兼批发。1910年以前主要经营印度纱，1910年以后主要经营日本纱，棉布主要经营英国货，品种有直贡缎、直贡呢、十八支市布和漂布、红布、蓝布等。呢绒和绸缎初期是经营英、美货，批发经营主要是国货。

1912年“壬子兵变”的当天晚上，敦

庆隆的职工听到四处枪响，急忙采取护店措施，用布匹将前后门堵好。店里职工经过一夜的奋斗，终于保住了店里财产的安全。第二天，全市开门营业的只有敦庆隆一家。因遭叛军抢劫，市场上各种生活用品奇缺，即使有也是物价昂贵。这时敦庆隆趁机将库存的商品出售，此举使它获得了丰厚的利润，这一机遇使敦庆隆当年的盈利达到了80万两银子，这一步为它后来的发展奠定了基础。在第一次世界大战中，日本国内发生了经济危机，日元贬值，当时买日本棉纱都是期货，敦庆隆因此又大获其利。大战结束以后，日元回升。这时没有及时结算的字号又吃了亏，受损失不小。当时有“东华广，西华庆，三星归位锁五龙”的歌谣来形容不景气的状况。“东华广”是指估衣街的华竹、广德元；“西华庆”是指竹竿巷的华信成、庆丰义；“三星归位”是指厚记兴、元兴成、三兴；“锁五龙”是指隆聚、隆顺、元隆、敦庆隆、元兴隆。一些店铺因此关门倒闭，而敦庆隆因实力雄厚，这次又采用了延期付款的办法渡过了这一难关。

从 1912 年至 1922 年这十年期间，是天津纱布业的鼎盛时期，敦庆隆在这时

期，由于几次都抓住了经营机遇，获得了400万的巨额利润，因此跃居纱布业新八大家的行列。

1934年，敦庆隆资金出现了问题，银号、银行的借款达数十万，商店因资金周转不灵而搁浅。敦庆隆因是历史悠久的老字号，素有盛名，它的这困难引起了全市各行业的震动，时任天津市钱业公会会长王晓岩召集有关方面人员研究，商讨对策，采取有效措施，帮敦庆隆克服了困难，渡过了难关，使敦庆隆的业务逐渐好转并兴旺起来，直到解放。

▲ 老敦庆隆挂上新招牌。

▲ 鱼骨般坚挺流畅的屋脊。

敦庆隆载入天津史册的三件事

胡光明

估衣街上的名店敦庆隆，自光绪二十四年（1898）创办，至今已经一百多年了。其资东纪联荣（字锦斋）是一位有见识、有魄力的实业家。他在这一年办了两件大事：第一件是出任盛宣怀光绪二十三年（1897）

在上海开办的中国第一家新式银行——中国通商银行天津分行经理；第二件即是起用出身贫寒、勤奋好学、富于创新意识的商业奇才宋则久（字寿恒）为总经理，在当年估衣街西首开办了敦庆隆绸缎洋布庄。由这两位实业家的最佳组合，使敦庆隆开办后不长的时间里，就商誉日隆，特别是在纪联荣、宋寿恒合作的清末十余年间所首创的三件史事，是应载入天津史册的。

一、领衔向日本军方追讨无理扣押充公运津华货。

光绪三十年（1904）初至第二年秋，在我国东北地区进行了长达一年半之久的争夺在我东北权益的日俄战争。东北各港口，丹东、大连、营口等均被日军封锁。天

◀ 罩棚墙上轻型结构设计。

津绸缎洋布商敦庆隆、元隆等估衣街名店和庆丰成等棉纱庄，在上海均设有分号。它们于光绪三十年（1904）7月9日将自沪采购的价值2.7万余两的绸缎布匹、235包棉纱，装载于北平、西平号华人商船，货物均由英国保险公司保险，运往天津、秦皇岛。

▼ 相互贯通的房屋。

结果中途被日本海军劫走。其间华商轮船公司几经交涉，均被驳回。在忍无可忍的情况下，纪联荣于1905年12月26日齐集受害各商号，赴商会商讨对策。敦庆隆等

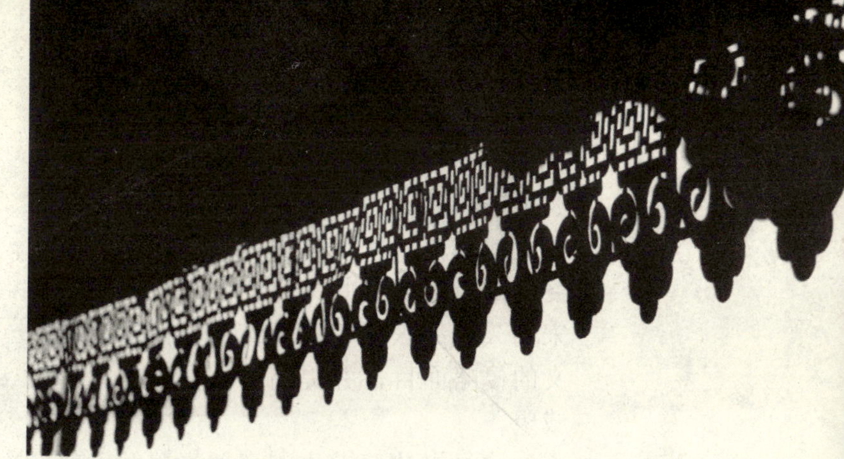

十一家商号同天津商会致书直隶总督、北洋大臣袁世凯，并由外务部照会日本公使内田。照会称秦皇岛既非战地，绸布亦非禁品，于禁时禁例毫无干涉，日本海军应速发还所无理扣留之华货。1906年5月，承办津沪货运的上海祥发源号传来喜讯，称西、北平两船被劫掠各货将次发还。传知各津号盖印并公摊一切交涉挑费。但敦庆隆等众华商笑容未展，直隶总督袁世凯却发来日军正式批文，说此案经日本高等捕获审检所两次判断，华货仍“如数充公”、“碍难更改”。敦庆隆、元隆、景德和等众华商闻讯更加气愤。纪联荣会同众货主齐赴上海查明真相。同时，再呈外务部、商部、英国驻日本东京大使，评列七条证据逐条驳斥日军违背国际通商惯例，劫夺华商货物。申明所运货物皆有海关准运通知，并由开平矿务局向上海英国领事馆盖印，决

▲ 犹如剪纸一般的罩棚图案。

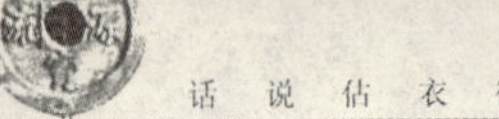

非货主私自装船，更无资助俄军之嫌。更非交战之地。此案虽因清政府的软弱而最终失败，但通过此案交涉，使爱国实业家宋则久、纪联荣等真正认识了日本帝国主义的侵略面目，并提高了敦庆隆在商界的威望。

二、敦庆隆获农工商部嘉奖并由部推荐赴日本展览。

1911年（宣统三年）正月，农工商部接日本国农商务大臣邀请京津沪汉宁粤苏杭八市优秀实业家赴日观光考察，并业绩优异之公司、商店赴日本展览。天津估衣街敦庆隆内容整肃、办法精良、交易诚实，每年贸易额批发零售两项共达300万元以上。宋寿恒亲手撰写的《天津敦庆隆绸缎庄历史及成效》一文，完好保存于《天津商

▼ 果实累累、花团锦簇的水泥柱头。

会档案全宗》中，说“其零卖一部，每日官绅男女远近咸集，车马盈门，异常拥挤。”又称：“光绪三十二年，天津举行第一次劝业展览会，以该号货品精实，价格公平，招待妥善，由直隶工艺总局发给一等奖照。宣统二年（1910年）江宁举办全国第一次南洋劝业会，该号以经济及学徒教育两项赴赛，由农工商部发给优等文凭，盖为清国天津最著名之商店。农工商部和天津商务总会均一致认定敦庆隆和宋则久本人最先入选。

三、辛亥革命武汉军政府侦探员黎文涛致函敦庆隆宣布武汉革命政府主张。

1911年武昌辛亥革命爆发后，地处京畿的天津除由鄂军政府全权代表胡鄂公组织“北方革命协会”发动天津起义外，武汉军政府还进行了哪些公开的活动？这在史学界仍是个未解的问题，我们在编纂《天津商会档案汇编》一书中，在一个破旧不堪的纸包中发现了武汉军政府驻津侦探员黎文涛，通过估衣街名店敦庆隆向全津同胞宣传武汉军政府各项政策的公开信。原件为油印，公开信称：“军政府侦探员黎文涛敬告敦庆隆宝号台照：连日阅《民兴报》登载王澄甫借钱一事，传闻自称革命，实系匪徒借此诓骗。吾政府自鄂起义以来，到处鸡犬不惊，人民欢迎，粮饷充足，焉有扰害商民铺户之理。吾军所到之处，倘市面有周转不通，定然发款维持。吾辈奉命令驻津，皆有文书，倘有数万之需，银行皆可走取。再有匪徒诓骗等事，务究（揪）送有司重治其罪。今有一事并达宝号，如能设法维持，万勿袖手。

查天津米面商、大小面铺高抬市价，随意增涨，苦害贫民，此事早为吾都督所闻而痛恨者也。吾军到处秋毫无犯，今将紧要各条录后，以供同胞观览：

吾军巡防来津之时，米面立时落价；街市周不灵通，发款维持；兵入租界，立时正法；所有逃入租界犯官、旗人，一概不究；各租界一概保护。"

武汉军政府侦探员黎文涛还希望敦庆隆宝号速将此函登报，使同胞周知。

以上三事，充分反映了估衣街上的敦庆隆对于繁荣和振兴天津经济和商业文化，增强天津城市商辐射力所作出的重要贡献，是应该载入天津史册的。

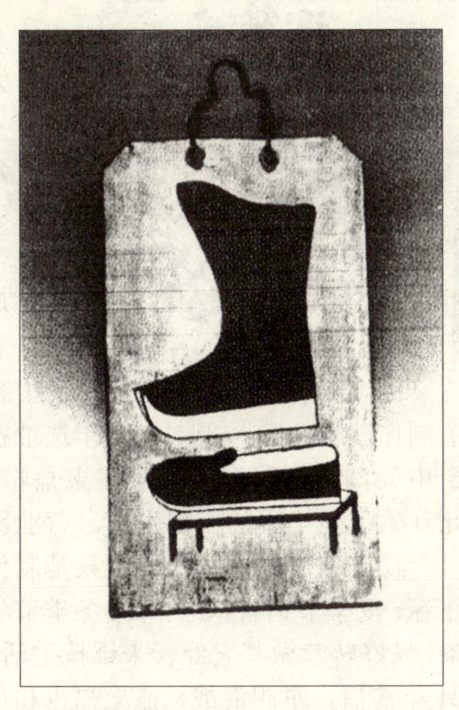

◀ 鞋店幌子。

刘锡三与盛锡福

朱春田　谭凤岐

盛锡福的帽子在人民群众中很有名望并享誉海内外。盛锡福帽业的创始人就是被誉为“北方帽业巨擘”的刘锡三。

刘锡三，山东掖县人，自幼家境贫寒，

▲ 盛锡福创始人刘锡三和他的“三帽”牌商标。

后经亲友介绍来到天津一家外商公司学习草帽辫业务，经过几年的苦学苦练熟悉掌握了制作草帽业务，于 1911 年选址在估衣街中间归贾胡同开了一号盛聚福帽庄，至此开始了他毕生的制帽生涯。营业刚开始时，仅有四五名雇员，最初只是制作草帽在春、夏季节销售，到了秋、冬季节生意萧条，只好转营做其它经营来维持生活。到 1921 年前后，军阀混战，盛聚福也和估衣街、北门外、竹竿巷一带的商家一样被迫迁往法租界的天增里。这时盛聚福的厂房规模都有扩充，生产制作环境也比较稳定，加上草帽辫是从山东家乡赊购而来，价格低廉，在租界生产还可以减轻税收，经营逐渐有了起色。另外又开设门市销售成品，这一时期的经营是前店后厂、产销一体，以销促产，营业蒸蒸日上，业务日益兴盛。1923 年刘锡三鼓足力量，再行迁址，扩展经营，租用东莱银行的两层楼房用来扩大销售，同时向工商部门注册，改盛聚福为盛锡福，采用“三帽”商标“锡”，“三”是他的名字，用以寄托他自己的理想。

刘锡三素来提倡国货。“多一号华商，即少一号洋商；多卖一分国货，即少卖一分洋货，亦杜绝一分漏厄”是他的经营信条。在日货盘踞的 20 年代，草帽市场也不例外，日商利用中国的廉价草帽辫加工制作而成的日式硬平顶草帽，挺括漂亮，在当时天津市场上是俏货，盛锡福的圆顶宽边产草帽成了弃儿、受到冷落。刘锡三至此开始改进工艺，聘请高级设计师、技师，用普通漂白草帽辫制成硬平顶，并首次采用机器生产，这样一来大幅度降低了成本，两角银币的草帽辫可制作成五顶草帽，每顶草帽的工料费不足 2元，售价 6元。这一来挤垮了日本的同类产品，在1926年的三年大结算中获利 10万元。

在外商与民族工业并存竞争的局面下，刘锡三心灵手巧、善于思索、勇于创造发明，当时社会上还盛行妇女戴草帽，他就聘请了一位俄国女设计师，设计生产女帽。产品一出，式样新颖，质量好，颇受欢迎。流行多年后，他又独创出用各色毛线、棉线、棕丝帽辫制成各式女帽，衬托了女性的俏丽多姿，这种产品上市常常被抢购一空。由于他的苦心经营，至 1937 年盛锡福发展呈现鼎盛时期，全厂员工达三百余人，年产各式帽子六七万顶，厂址也一再拓展到四处，销售部两处。并在北京、南京、上海、武汉等设庄 30 多分销处，同时在天津总号设立进出口部，以经营对欧美、香港等地区的帽类出口业务。

盛锡福帽业在北方帽业中鹤立鸡群，作为一朵奇葩而闻名遐迩，刘锡三也以其出色的业绩，荣膺北方帽业巨擘的美称，在当时工商界享有很高威望，兼任山东旅津同乡会会长、华商公会监察委员等职。

▲ 富有节奏感的屋角。

同升和帽店

史福岭　杨擘

天津北门外大街竹竿巷有一个长兴帽店，既做门市又兼批发。同升和创办人王筱亭、莫荫轩就是这个店的业务人员，那时叫大同事。他们二人经常到河东同和兴货栈向东北客人推销帽子，久而久之与货

▶ 含苞欲放的“莲花”与罩棚的“云字头”相呼应。

栈业务负责人孙东园、赵宪章成为好友。孙赵二人手里有些积蓄，又时逢民国初建气象更新很想干番事业。一次孙赵二人向王筱亭、莫荫轩表露有意干个帽店。王筱亭对帽业是内行，答应可以效劳负责店内一切事务。于是，经过协商，孙东园和赵宪章二人出资现洋(银)5000元，于 1912年在

▲ 为顾客包装商品用的线盒也雕刻得如此精美。

天津当时的商业中心估衣街路南万寿宫胡同东开设了估衣街上同升和帽店。王筱亭任经理，莫荫轩为副经理。又从长兴帽店邀出莫荫轩的师兄弟赵蓉山、王子林、张伯衡三人依次皆为副理。

新开张的同升和前店后厂共有职工五十多人。冬做将军帽和皮帽，夏做各种草帽。后边生产前面销售。由于同升和的东家（出资者）和副经理（经营者）通力合作，以货高价实招徕主顾，以大商号的风度培养信誉，使同升和的营业额逐步上升到1920-1923年期间每月营业额平均六七千元。

可就在同升和声誉大振的时候，内部

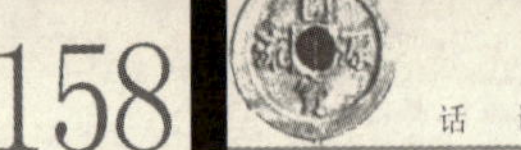

人事之间却出了问题。在很短的时间内，十年前一起创业的七个人至此已全部散伙。

同升和只剩莫荫轩一人，他深感孤掌难鸣，决心再组班底。他看中了本店大徒弟李溪涛和小同事王质甫是人才，主动进行拉拢。为使他们一心一意为同升和卖力，莫让他俩入股合伙。但是李王二人没钱，莫荫轩特许让他们先入伙后出资，应出资本等年终分红时补交。这等于没拿钱就先当了股东，二人当然乐于从命。莫虽然脾气不好，但经营有方又知人善任。他看到李溪涛办事点子多，又能调动职工的积极性，于是莫自任经理而让李溪涛负责全面工作。王质甫从14岁在北京学徒能讲一口北京话，为人彬彬有礼善于揣摩顾客心理，很能吸引顾客。莫荫轩

▼ 围栏柱头上的吉祥浮雕。

就让王负责门市销售。

莫荫轩充分发挥两个帮手的专长，为同升和进一步发展打下了坚实的基础。那时由于军阀混战市面不安宁，一些官僚买

▼ 门窗的透雕装饰角。

办富商巨贾纷纷迁往英法租界，购买力也随之而去，繁华中心逐渐移向租界一带。为了不失去客户能进一步发展，同升和于1926年在法租界梨栈大街（现在的和平路）开设了分店。分店后院宽敞，工厂也迁到这里。此时同升和有老号新号两处业务更

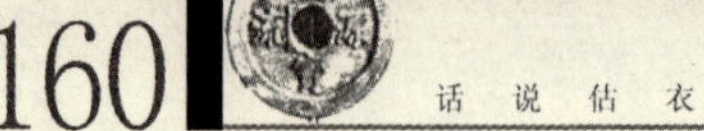

加兴隆。1928年经理大股东莫荫轩年老多病倦于经营，辞去经理职务并撤走了全部股金。

莫荫轩辞职撤股后，李溪涛、王质甫经研究决定请工厂头目郑耀庭，门市头目莫泽霖(莫荫轩之侄又名莫光俊)和同升和早期出号正在家赋闲的张伯衡三人加入部分股金入股。李溪涛任经理，王质甫与三位新股东任副经理，在李溪涛等人的精心经营管理下，同升和走向了鼎盛时期。从1929年至1935年先后在法租界绿牌电车道劝业场对过(现在的滨江道光明影院旁)开设了一个分店；在北京王府井大街东安市场南便门旁和天津东北角各开设一个分店。至此连同估衣街老号和梨栈大街分号共有五个店，从业人员已达二百五六十人。五店建起之后改梨栈大街分店为总店。李溪涛被推为五号的总经理，各分号都安置了负责人，同时五店都增添了皮便鞋业务，从此各店牌一律改用“同升和鞋帽店”。

1937年日军入侵天津后人心惶惶，敌伪人员随意敲诈勒索，在这种“人为刀俎，我为鱼肉”的情况下，同升和的股东商定为避免树大招风，划整为零分家单干。张伯衡分到估衣街老号，改称同升和衡记；莫泽霖分到梨栈大街称同升和林记；郑耀庭分得绿牌电车道，是为同升和耀记；东北角分给王质甫（王文升）是为同升和文记；北京一号分给李溪涛了。同时大家约定自登报声明之日起，各号独立经营，自负盈亏，要互相帮助但不得再以同升和的名义设立分店。分家后除衡记因张伯衡年事已高后继无人于解放前关闭外，其他几家均经营不错，直至1956年参加公私合营。

◀ 万寿宫胡同内的“豫章会馆”旧址。

▲ 塔式柱头相叠几十层。

估衣街与“乐家老铺”

陈健

清朝末年，北京同仁堂乐家药铺主人去世，继承人乐达仁将所得巨额遗产白银一万两于公元 1914 年间在天津估衣街购地建房，开设中药店。乐达仁曾留学英国，又随清政府驻德公使吕海寰赴法国考察商业，他对西方经营商业的方法，尤其对产品的精致颇有心得，回国后决心在药品采购和研制上下功夫。他在估衣街开设药铺自制的丸、散、膏、丹及汤剂饮片等均选用上好的真实原料并保持北京同仁堂货真价实的优良传统。结果一开业就压倒天津的同行，在天津中药业中声誉鹊起。

那时人们有了病痛，经中医诊断开出处方，无论住处距离估衣街有多远，都要赶到乐仁堂、达仁堂等处去抓药才心安理得，可见估衣街上的中药铺在天津人心目中的地位。

乐达仁对珍贵中药牛黄、麝香、人参、鹿茸的经营倾注了大量心力。他为了能采购到质地上好的人参，拨出专项巨款并聘请富有经验的行家里手，年年深入到东北老山里精心选购，又在当年的天津白庙、东局子、中山路及现河西区台湾路等处选地投资建起四个专业养鹿场，圈鹿取茸。乐达仁对养鹿取茸亲自参与，苦心经营，又延用得力专业人员精心饲养，使乐家鹿茸产量及质量在当年天津市各中药行号中无出其右者，甚至赢得全国中药业的盛誉，成为当年中药集散地祁州中药产销庙会上的“开盘”代表。也就是说，庙会期间，如果没有乐仁堂人员到场，鹿茸、人参两项珍贵中药就不能开盘成交，足见当年估衣街乐仁堂、达仁堂的影响力。

1916年，乐达仁在今中山路建立总厂，1917年起先后在青岛、福州、长沙、西安、大连、郑州、开封及香港等地开设达仁堂分号，销售的中药达一千余种，获利极大。他在经营管理上坚持自采自掌、事必躬亲。徒工进厂必须立保单，订立严格的管理规则，一切以经理之命是从。堂店及药厂人员分工明确、各司职守。对制药投料，均有专人细微复核检查，贵重细料由经理亲自逐项核实无误，方可混合碾制。每一盒药都有生产经手人标志，质量出问题可直接追究责任。

乐达仁经营中药业获得巨额利润之后，也曾对社会公益事业投资。例如他在河北区创办的天津达仁女子学校，从在天津河北区大经路选址建校、聘请天津教育界名宿马千里先生做校长，直至承担学校的全部办公经费、建立学校董事会自任校董等等，他都一一筹划。这所学校的学生免费入学，邓颖超、许广平等曾被马千里聘为达仁女子学校教员，开创妇女求学进步之新风。

▲ 精美的木雕。

王占元与估衣街上的“万隆栈”

李福林

1921年，北洋军阀上将两湖巡阅使兼湖北督军王占元下野，携几千万元财产寓居津门租借地。王占元到津后，利用其雄厚的资金在英法租界和市内各区的繁华地段投巨资，大量购地建房和买房三千余间，共拥有房产五千余间，继李纯之后成了天津卫的第二大房产主。

在估衣街北面有一处楼房，原名“青云栈”被王占元收购后仍做客货栈房，起名“万隆栈”意为万事兴隆。

万隆栈建于民国初年，第一道院门门

▶ 粗壮而坚挺的栅栏。

首刻有“万隆栈”三字。初进院门不显其大，进入第二道院门，院内建有木质结构楼房三层共 130多间。布局是：四周建房，中间是院，每层四面相通，可谓四通八达，这座建筑，当年在估衣街的栈房中首屈一指，很有名声。万隆栈开业后，由于是王占元的产业，因此楼以人贵，南来北往的商人纷纷租住，不但住人，还可存货。有的就地开起作坊，加工制造商品。租住者有天津本地人，但大多是外地来津经商者，以北方人居多，有的经营布匹，有的经营皮货，还有的经营染料、成衣、鞋帽、茶叶等，其中还有一些“跑合”的经纪人，常年住在栈房里，五行八作，应有尽有。这 130多间房的大院里，简直就是一个社会商业的缩影。由于住的都是商人，有时不出大院就能做成一笔买卖。

王占元在估衣街购置万隆栈这处房产时，有更深一层的打算。他想拆掉这处楼房，在此建一个大商场。当时租借地上的劝业场、百货大楼都还没建，估衣街是天津商业最繁华的中心。王占元青年时由李鸿章推荐毕业于天津武备学堂，后被袁世凯重用，在天津小站训练新建陆军，对天津的风土人情了解很深。他不但善于治军，

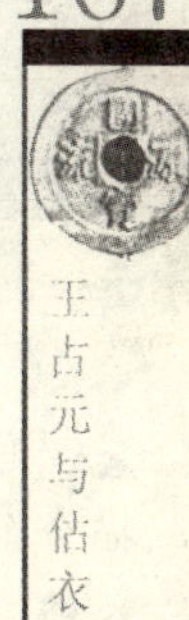

▲ 门楣上描金的立体木雕。

更善于经商。在这条街上商贾林立，买卖兴隆，各种商品应有尽有，闻名全国的“谦祥益”、“瑞蚨祥”均坐落于此。

由于王占元与“谦祥益”东家是山东老乡，他当湖北督军时就常光顾汉口谦祥益分号，给老乡撑腰。下野寓居津门

▲ 熙熙攘攘的估衣街。

后，经常从英租界乘着豪华的美国“道奇”轿车，到估衣街来光顾谦祥益，购买这里的绫罗绸缎、珍贵皮货、进口呢绒等。此外他还让内弟李景瑞到谦祥益学做买卖，为以后万隆栈拆除建商场的计划培养人才。因其内弟无意学习经商，加之其它原因，建商场的计划只得作罢。万隆栈仍做栈房，在近三十年的经营中，获利颇丰。 50 年代初，万隆栈房产归国家所有，专做民居。这里的住房除少部分是原有的客商外，几经变迁成了名副其实的百家大院。前些年随着估衣街恢复当年老字号的改造，“万隆栈”的名称又改称其最原始的“青云栈”。如今这处历经近百年的木质结构楼房，仍坐落在估衣街上，它经历了历史的沧桑，是当年商业繁华的估衣街最好的见证。

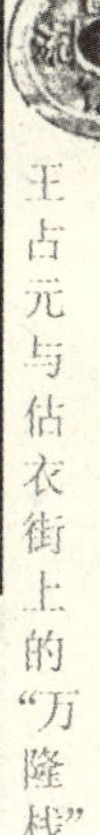

▲ 层次丰富多变的柱头。

估衣街的仿古瓷店

毕霞

清末民初天津卫众多瓷器店中，数估衣街上的瓷器店最为红火。估衣街的瓷器经营分为两大类，一类是日用陶瓷，品种都是老百姓日常生活中用的一般瓷器；另一类是陈设品瓷器，这种陈设品，主要看它的艺术价值和年代远近，是古瓷古玩类型，专门供那些达官富户附庸风雅、装点门面之用，比如瓶、盘、碗和人物、鸟、兽等。要说买卖做得大、做得活，得数经营日用陶瓷的廖正大、景华泰、瑞昌祥、修盛魁四家，它们都是江西人开办的，专营江西瓷器。然而要寻觅瓷器业中的一些故事、趣闻。那还得说是经营陈设品瓷器的仿古瓷店。

估衣街诞生的第一家仿古瓷店是一位叫李春生的人于光绪二十五年(1899年)独资经营的同泰祥。

仿古瓷家的业务，既不同于日用瓷器店，也不同于古玩店。所谓古瓷，其实都是仿造的。这一点，买主心里明白，卖主更无

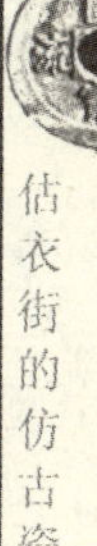

须说破，正所谓一个愿打一个愿挨。

因为经营的古瓷都是仿古复制品，所以，做仿古瓷生意的人，必须要有一定的古玩陶瓷方面的业务知识。同泰祥的老板李春生是当时古玩行老人，对古瓷、古画等有很高的识别能力。他儿子李雅泉自幼跟他学习古玩业务，也积累了很多经验，不仅能识别，还能设计出样，被人们称为古瓷业的“郎中”。如此，他才能成为其父的得力助手和优秀继承人。

同泰祥出售的瓷器，基本上都是江西货。江西瓷厂有一些老艺人专做仿古瓷器，技艺高超，非内行人看不出来。

这些仿古复制品的买主一般都是些豪门富户，也有一些外国人。对于这些“阔主”来说，价钱便宜就不是好货色，不贵重，摆在家里也显不出阔气。他们大都鲜有古玩知识和艺术鉴赏力，只相信卖主的夸耀，追求一掷千金的感觉。

当年同泰祥设有专人跑大宅门卖货。在门市卖货也要有一套本领，察言观色，抓住买主追求高贵、追求奇特的心理，哪怕这次买卖做不成，也决不降低价格。同泰祥做生意靠的不是多销，而是赶上了，就狠赚一笔。在景德镇买货，它要挑尖子（即上等品），有的瓷器买进并不当时卖出，还要待价而沽。一件瓷器遇上买主就能赚几百甚至几千元。所以，同泰祥的买卖就仿佛敲竹杠，只要一杠子打上，就是一本万利。人们常说的古瓷古玩店是“三月不开张，开张吃半年”就是这个道理。

▲ 隐藏着无数商家秘密的估衣街。

在当年的经营中，同泰祥遇到过一个难得的机会，让它红火一时。这个机会便是孙殿英盗墓。

本来，孙殿英盗墓和同泰祥没什么直接关系。可是盗墓所得的一大批古瓷落在了北京古玩店。同泰祥与北京古玩店关系甚为密切，于是，便有了模仿机会。同泰祥派人把东陵出土的古瓷都照了相，再到景德镇，请能工巧匠和书画家按照片进行复制，伪称东陵出土古瓷，当珍宝卖给一些官僚富户。靠这些，同泰祥每年都能赚几万元。

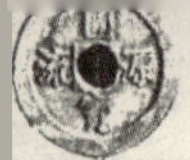

▶ 通透完美的天井回廊。

物华金店漫话

王锡荣

在估衣街，有个金店胡同，是因物华金店而得名，所以店名与地名在津门都是当当山响。物华金店也称为物华银楼，在估衣街也可算得上鹤立鸡群的老字号，创办于清朝光绪七年(1881年)，创业者是严信厚，字筱舫，浙江慈溪县人。他独资经营，最初资本为 7500两白银，庚子后增资为银三万余两，可谓资金雄厚，估衣街的其他商号只有望“银”兴叹!

严信厚起初在上海庆云银楼，后调到杭州信源银楼充当文书，本人善于诗文书画，经商也精明强干。另外，庆云银楼与信源银楼又都是当时上海巨贾胡光庸开设，所以说严信厚也是个见过大世面的人。在清朝同治十一年(1872年)，胡光庸派严信厚为代表北上来天津晋见直隶总督李鸿章，并代表胡献军饷银十万两，而博得李鸿章的赏识，严信厚从此留在天津没回上海。他便借树乘凉，于光绪初年，创办了源丰润票号，几年经营后获利甚丰。又于光绪七年(1881年)创办了物华金店，为浙江宁波帮在天津设金店的开始。从而打破了金店天津帮的一统天下，便产生了南(宁波)北(天津)帮的两大体系，并且竞争得十分激烈。物华金店营业日渐兴盛，获利颇丰，严信厚以财物捐得了直隶候补道。后来又摄理过长芦盐务职务，联络盐商，在东门里开设了同德盐号。在此期间，严信厚得到了荣禄的保奏，贡呈慈禧银十万两，得到老佛爷的谕命觐见。另外，严信厚还曾被袁世凯委任办理天津商务公所，未就而返回上海任商务总会总理。

光绪二十六年(1900年)庚子事变起，物华金店暂告停业。1902年市面恢复平静后，物华金店才又复业，其业务日渐发达。1912年天津发生了壬子兵变后，物华金店在当时的日租界旭街(今和平路)租地建房开店，竣工后物华楼迁至新址，并扩大了经营范围，估衣街旧址改为分号。当时物华金店每天门市出售足金首饰总在50～70两上下，再加上纹银首饰和器皿，年年获利丰厚，又于1932年在法租界四号路(今滨江道)设立分号，该店还在租界大搞房地产开发，以谋高利。1939年底，因物华金店股东严氏兄弟(严筱舫已去世，由其子继承该店产业)无意继续经

▼精致的木雕无法用语言来形容它的典雅美丽。

营，便将物华金店全部兑出，由徐楚泉(浙江鄞县人，天津恒丰洋行买办)接盘，其经理张直卿、副经理唐尧夫及全体职员一律不动。时到1946年张直卿告老还乡，唐尧

▼ 巨大的天窗。

夫任经理，并作了人事调整，本想重新发展，但时局动荡，通货恶性膨胀，金价上涨，金银售出后无法补进，遂由唐经理提议清理歇业。先于1947年收起分号，兑出铺底，然后又收兑了总号，但因铺底曾二

度出兑，终无成议，无法清理。这时，经理、副理以年老多病为由提出辞职，由襄理李洁贤继任经理。1948年国民党政府通令全国金银首饰业重新办理登记，这家具有近百年历史的老字号，于是随同行业办理了登记手续，但因时局等原因，该店经营终未有起色。1949年 1月15日天津解放，由经理李洁贤办理了清理债权债务等工作，于同年 11 月呈请市工商局批准，正式歇业，宣告结束。在物华金店的店史上画上了一个句号。

▲ 动感十足的楼梯侧帮花草木雕。

估衣街书坊素描

点子

天津自明朝入清后已成为北方重要的商业城市和华北地区的经济中心。社会经济发展的同时，文化教育事业亦尽得风气之先，不断进步。自明正统元年(1436年)天津文庙开办卫学始，各类教育教学机构如雨后春笋，至清康熙年后又有更高一级的书院出现。学校对教材需求量的增加，为天津书坊出版业的兴起提供了沃土。光绪

▲ 弧形围栏也如此精美。

七年(1881年)天津直隶书局设立；光绪二十年(1894年)大书法家华世奎出资请张姓人士开办宝文堂书坊，除专营古旧书外，兼售华氏刻书及其他名家刻书。许多史料表明，天津书坊刻书与官府刻书、私人刻书为书籍印行的三大系统。据老辈人回忆，昔时书坊多位于东北角、估衣街和东门一带。

1900年，八国联军强占津门租界后，四方显贵文人多来此隐居，兴学盛炽一时，因而带来了书市扩展的必要性。直隶书局自光绪末年在北马路设分号，估衣街区域左右的书坊、书局业有了新景象。随即，著名的商务印书馆、中华书局、文明书局等陆续来津设立分支机构，选址于估衣街、大胡同等处，以至后来这里形成了有一定影响的文化街市。值得一提的是，受“师夷之长技”的洋务之风影响，商务印书馆曾出版了严复先生在北洋水师学堂讲授英语语法讲义所著的《英文汉诂》一书，甚有影响。直隶书局也代销寄售商务印书馆编印的大量教科书，这无疑形成了良好的市场合作氛围。上海、北京等地的新书在本埠的及时流通，为天津文化事业的发展带来了生机与活力。天津口岸腹地广阔，远涉“三北”，书坊近水楼台从三岔河口而发，供应“三北”市场。加之估衣街、三岔河口终日摩肩接踵的南北客商、游人，着实为图书业引来好市场。

在估衣街繁华闹市也另有其很文化的一面。近十家南纸局如翰墨斋、德聚魁、戴月轩等林立其间，经营文具纸张的同时兼顾线装书籍经销。尤以名曰文美斋的老店远近闻名。店内文书纸、毛边纸、生熟宣纸一应俱全，名贵的雨雪笺、胡笔、徽墨、端砚等同样满目琳琅，吸引广大文人墨客，重要的一点就是出版印行各类精美画册，在津沽广有口碑。文美斋于1901年采用石印技术印行的沈兆涌所绘《百美图咏》和杨伯润的《语石斋画谱》等曾给人颇深印象。他们注重编辑与技术水平的不断提高，在1911年又向社会隆重推出张兆祥所绘的《百花诗笺谱》。此书采用木刻版彩色印刷，秀美清妍，色彩动人，被公认其绘、刻、印三者皆为上乘。《百花诗笺谱》如今早已成为天津出版史上重要的代表作品之一。不仅如此，针对市场广阔的各类读本教材，文美斋也有所及。《四书备旨》、《古文观止》等书，该店在光绪年间先是刻版，后又石印，印数颇丰。

曾经为估衣街敦庆隆绸缎庄经理的宋

则久先生于 1913 年在估衣街不远处祥德斋老门市附近创办了著名的天津国货售品所。先生素以爱国著称，坚持销售国货几十年不改初衷，享誉海内外。为培养新型商业青年，他以企业为基地，依切身体会苦心编写出不少商业通俗读物，如《商务修身浅说》、《白话珠算讲义》、《实用经济学》等。在当时旧商业几乎没有正规职业教育的情况下，宋则久编写的这类读物可谓一次革命。著作的实用价值、理论价值对天津商界产生了重要影响。

经济发展总是与文化进步息息相关的。回顾估衣街繁盛商业的同时，从另一个角度关注其文化多元性，或许历史只留给我们点点星光，而今天在挂一漏万的忐忑之中把它串成珠链，重新彰显那璀璨的光芒。

▶整洁的院落。

林耀华和华贞女子商店

王锡荣

在1922年的秋天，天津卫发生了一件轰动全城的新鲜事—有一家从经理到店员全部都是女性的商店开业了，它名为“华贞女子商店”。在津门实为开了先河，特别是在当时女子社会地位卑下的时代里，从大门不出二门不迈的封建枷锁控制下走出，总会遭到一些人的非议。但实践证明，当“华贞女子商店”矗立津门，时至今日已近80年历史，它不论从女子经商或妇女解放的角度来看，都有社会现实意义。商店经理就是林耀华，若用现代化语言来讲，她是一位女强人，有智谋有胆略又有经商头脑的人。

林耀华是一位知识性的妇女，她结婚后不甘寂寞，更不愿天天围着锅台转，所以就跟丈夫提出了早已想好的办商店的想法。丈夫是开明人士，听妻子说得头头是道，便一口答应给妻子出资办商店，并应允妻子提出的要求——他只当幕后顾问，不参与店里的经营管理，以便让妻子大显身手施展才能。妻子听了当然十分欣喜，于是就选定了店址，并以自己名字林耀华，字素贞，取其名、字中各一尾字——“华贞”为店名，不久就在临近估衣街的北门东202号开张营业了。果不其然，正像林耀华预想的那样，天天门庭若市顾客盈门，有些人抱着好奇心进店里逛一逛，以观女售货员的相貌，但大部分还是来买商品的。特别是妇女们更愿意进华贞女子商店买东西，因为这里的女售货员服务周到态度好。从此“华贞女”盛誉满津城。

由于林耀华治店有方，用人有道，在社会风云多变的二三十年代里，在经商步履艰难的情况下，战胜了重重困难，使“华贞女子商店”年年都上新台阶。在1943年1月，又在估衣街西口路北78号开设了“华贞女子商店”新号(即分店)，有三间大门脸，在估衣街商店林立中也算为大门市了。到1956年公私合营前，林耀华是华贞新老两号的经理，当时新老两号的登记资金为

▼ 临街一侧。

14429元，共有职工30余人。

华贞商店从创业起，在旧社会的风雨中飘摇了近三十年，既受到过军阀和日本侵略者的欺压，也受到过流氓、混混儿的骚扰。天津解放，华贞商店也获得了新生，尤其是林耀华女士，在解放后，以天津工商联代表的身份赴北京出席全国工商联代表大会，受到了刘少奇、朱德和周总理等党和国家领导人的接见，给了她很大的荣誉。现在建国 50年了，但华贞商店仍然存在。

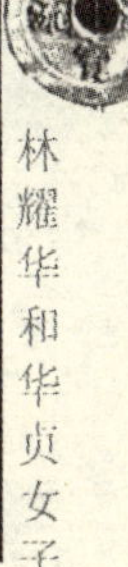

▲ 估衣街上的茶楼。

同升号泥人庄

张道梁

驰名海内外的天津泥人张彩塑，发祥于锅店街同升号泥人庄。

30年代我家住三岔口河沿十几年，单街子、锅店街、估衣街是我常往之地。在锅店街靠侯家后有条窄长的小胡同，是天津市批发玩具、文具的摊群市场，通称“老虎洞”。我常去那里买些文具之类。同升号泥人庄就靠锅店街西头路北一间小门脸；两边玻璃橱窗里不规则地摆了几层彩色泥人，上面落了些灰尘，也许泥人摆得时间长了，鲜艳的衣服被晒得褪了色；橱窗的玻璃似也多日未擦，显得不是生意兴隆的景象。附近有几家眼镜铺，虽也是小门脸，但门窗玻璃净明透亮，相比之下，同升号黯然失色。我不懂泥塑艺术，总是从门前匆匆而过，虽有时也扫上一两眼，但从未踏进这两面橱窗中间夹着的这单扇小门。竟不知这就是饮誉国际的泥人张制作泥人艺术的场所。

1957年我在天津人美社工作时，社里接受出版专送外宾的《天津》画册。有一幅介绍泥人张作品的满版彩页，我因参与其事，在拍摄时，看到摄影组的傅自立、董岩青同志将泥人张第三代张景祜的《牛郎织女》一套三件作品摆在铺有紫绒的桌面上，再四斟酌，安排拍照的位置和相机的角度。我一面端详、欣赏这艺术精品，脑际同时浮现出二十多年前同升号泥人庄门脸情景。这三件作品一为织女，一为手抱幼婴的牛郎，一为高举双臂奔向织女的儿童，那久别重逢的欢欣表情活灵活现。由于作品的艺术感染，使我时过四十多年，仍清楚地记得此事。

“泥人张”是人们对张明山及其后代泥塑艺术的美称。第一代创始人张明山（1826-1906）字长林。他父亲张万全，原是天津城西窑场附近的一个烧制山石、笔筒和其它小玩意儿为生的艺人。张明山心灵手巧，受到父亲的熏陶，耳濡目染，所塑泥人很受人称赞，他就以泥塑为业，立起了门户。他塑的泥人以形象逼真、细腻生动、色彩鲜艳传遍了三津。有关他捏塑的故事，也传奇般地成为人们谈话资料。清末著名丑角演员刘赶三一次在天津演出，出场时，他踩着锣鼓点儿，一步一扭，摇摇晃晃，走着台步，正要亮相，突然面现惊慌，吐着舌头，作个鬼脸，跑回了后台，观众一时哗然，刘赶三郑重走到前台，一面作揖，一面解释道：“我在前排发现了张明山，猜想他袖子里一定藏着泥团，怕我这丑样叫他给捏出来，多么难看。”又如天津早期八大家有个著名盐商张锦文，人称“海张五”，曾约张明山到他家塑像。海张五有钱有势，盛气凌人。张明山却毫无一点奉

承的语言，海张五怫然退入内室。张明山孤坐客室，顷刻就捏塑了海张五傲岸的头像带回家中，在门脸陈列出来。海张五在天津是个头面人物，闻知此事，只得再次请来张明山，恭敬地招待了他。

▲ 废弃的模特呆望着这条古老的街道。

历来记述张明山的事迹，多据刻于光绪十年（1884）张焘所著《津门杂记》所记：“……以捏塑世其家。向所捏塑戏剧人物、各班角色，形象逼真，早已远近驰名；

▲ 背负历史沉重的建筑。

西洋人曾以重值购之，置诸情物院中，供人玩赏。而为人作小照，尤其长技也，只需与人对面座谈，抟土于手，不动声色，瞬息而成，面孔径寸，不仅形神毕肖，且栩栩如生，须眉欲动。观之莫不叹绝。”

张明山泥塑的艺术特点是在吸收了古代泥塑的传统基础上，又有创新与发展；作品 题材以反映风俗习尚和人民的现实生活为主。他选了小说《水浒》、《红楼梦》、《三国》、《西游记》中的不少人物。如所塑《蒋门神》原作头部只有蚕豆大，在面部表情上把这恶霸的蛮横刻画得淋漓尽致。宝玉、黛玉、关羽、张飞等也是他常取的题材。他所捏塑的当时名人，如直隶总督李鸿章，京剧名演员余三胜、谭鑫培、汪桂芬、程长庚等，都是世人皆知的名作，他的作品多反映社会生活，如吹糖人的、木工、卖西瓜、耍猴儿、卖果子、拉洋片、算命盲人以及巨作《大出殡》等，也均脍炙人口。张明山曾为关帝庙塑制关公像，那关公“一手持书卷，一手捻美髯，秉烛火焰，目视行间，身披绿袍，威风凛凛，关平捧印，周仓持刀，侍于左右，颜肤朱白黑，神情团聚，栩栩如生 。”

清末宫中曾藏有张明山的作品《惜春

▲ 岌岌可危的护板。

作画》、《文姬抚琴》，据说慈禧太后很欣赏张明山的彩塑，曾召他进宫捏塑泥人。

天津学者严范孙很赞赏张明山的艺术，曾邀张明山为其父严克宽、其兄严振塑像，并撰写《张明山事略》，介绍张明山的事迹，经过严范孙的推崇，张明山的彩塑艺术在社会上也获得很高的评价。30年代初，画家徐悲鸿应南开大学校长张伯苓之请，来天津讲学，张伯苓谈起张明山的神技，并陪徐悲鸿到严家观赏严克宽、严振的塑像，见两像姿态儒雅，神采奕奕，使徐悲鸿深为赞美，并到锅店街买了几种作品，欣然归去，后来徐悲鸿曾写《对泥人张感言》一文以志赞赏之意。

张明山于1906年去世后，由张玉亭继承父亲的衣钵。他从13岁就和父亲同案制作泥塑，从存世作品中许多取材于平民生活，如《吹糖人》、《卖糕人》、《搬卸工》、《木工》、《采桑》、《老僧》、《渔翁》、《渔妇》中，显示出张玉亭的才华。他的代表作《钟馗嫁妹》是一套多人物的泥塑。与历代传说的《钟馗嫁妹》中诸鬼不同，而是以当世常见的凶鬼、刀笔鬼、贪财鬼、落魄鬼、吃人鬼及大烟鬼、贪官等来讽刺现实社会诸多丑恶。

张明山、张玉亭父子的作品在海外也深受欢迎，几次参加国际性展览会。在1915年巴拿马万国博展览会上展出了作品16件，获得了名誉奖。

解放后，党和政府重视民间艺术，采取了保护、扶持、发展的政策，使衰颓的泥人张艺术焕发了青春。改革开放后，彩塑工作室还承接了河北安国药王庙，北京戒台寺、颐和园、天坛，邯郸黄粱梦及市内天后宫、戏剧博物馆等大型彩塑的创作任务。泥人张门市部现在文化街，成了中外游客必去的彩塑窗口，与60年前锅店街的同升号门市相比，令人有沧桑之感。

▲奢华的阳台护栏。

义善源票号倒闭始末

王慰曾

票号是以经营汇兑业务为主的一种金融商号，即在为顾主汇出钱两时收取一定的汇费（也叫“汇水”）作为营业的得利，其性质和今日银行和邮局的汇款业务一样，而所差的，是其收取汇费的比率却不固定，要按当时市面上银根松紧和供求多少的不同而有所浮动，或高或低，又近于放债收息，故票号也多兼管存、放款业务。这一行业在清朝嘉庆年间兴起时，有其一定的原因，即通过这种汇款的办法，可比当时由“镖行”押运金银现货更安全、快速、简便和节省费用。据说从1797年（清嘉庆二年）山西平遥人经营的第一家票号“日升昌”成立后，就由晋省迅速传遍全国，逐步代替了“镖行”的业务，而进入民国以后，票号的业务又渐为银行和邮局所代替，此一种金融商号就成为历史了。

天津的义善源票号约成立于1895年或1896年，坐落在估衣街上，财东是当时直隶总督李鸿章家族，由其侄李经楚（1867-1913）在上海总负责。开业后业务也颇兴旺，但到1910年10月受上海“橡胶股票风潮”（因上海当时称橡胶为橡皮，故也简称为“橡皮风潮”）的冲击，和全国义善源票号共25处全部倒闭。在其亏赔2000万两白银中，天津义善源票号亏赔了160万两，也轰动当时。

“橡皮风潮”是一批外国冒险家利用1909年世界性的橡胶价格上涨的机会，在上海纷纷成立起一些冠以外国橡胶产地为名的“橡胶拓殖公司”（实为“皮包公司”），发行股票，与一些外国银行勾结，炒作哄抬，致使一年之内，各该股票纷纷上涨，多则二十多倍，少则七八倍不等，并一度只涨不落。到1910年春夏之间，外国冒险家突然全部将所持橡胶股票抛出，掠夺巨金而去，使上海一半金融机构倒闭，一些官吏、买办和富商如岑春暄、蔡乃煌、叶澄衷、陈逸卿、戴嘉宝等都深陷其中，亏赔甚多。10月，上海大买办严筱舫（1850-1919）家族经营的源丰润票号和李鸿章家族经营的义善源票号也相继倒闭，各损失都是二千万两白银，在整个“橡皮风潮”中是受损最多的两家大户。而李家经营的义善源票

▼ 曲直并举的铁栅栏。

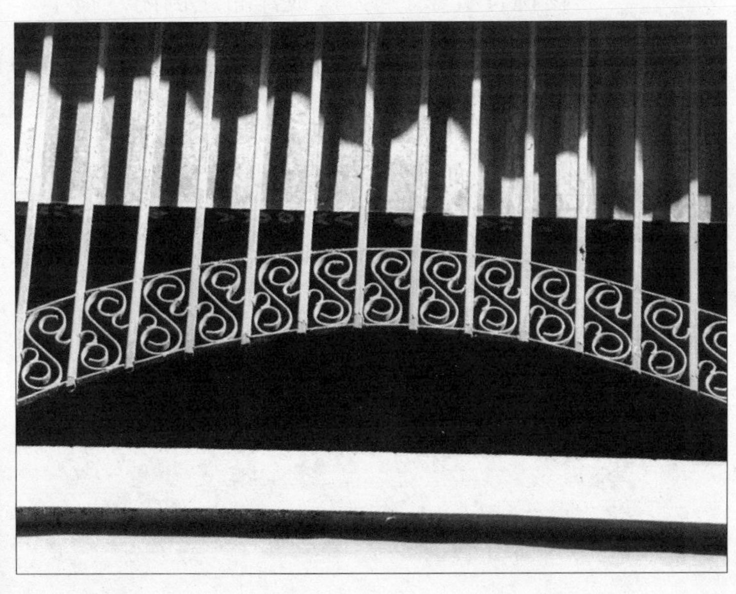

号支撑到最后才败阵倒闭，其总负责人李经楚也于此后三年就故去，年仅四十多岁。

估衣街上的义善源票号共亏损白银60万两，以在津的多处房产和现北辰区宜兴埠、小淀附近的二三十顷淀地（原塌河淀里的土地称“淀地”）清账。在宫北大街的源丰润票号（含新泰号）共亏损46万两白银（通称是50万两），以其在津的多处商号和房地产清账，包括有物华楼金店、老九章绸缎庄和原法租界内的同善里大片房产等。受义善源和源丰润两家票号倒闭的影响，天津也有一些绅商大户受到牵连，如“杨柳青石家”的万庆成洋布庄倒闭亏损了白银70万两。“桐达李家”（即李叔同的大家庭）几乎破产，有“一倒于义善源票号五十余万元，再倒于源丰润票号亦数十万元，几破产，而百万家资荡然无存矣”的说法。另被牵连的中、小户也还有不少。

▲ 昔日的繁盛。

津菜的发祥地

杨擘　张英凤

天津地方风味菜系（简称津菜）起源于民间，得益于地利，借助津门丰饶的物产和“喜尝鲜、好美食”的食俗民风，随着政治、经济（尤其是漕运、盐业）和文化的发展及其逐步城市化，在明末清初逐渐形成。经过二百余年的兼收并蓄发展完善，到清末同治、光绪年间达到鼎盛阶段，这时的饭馆已“五百有奇”。津菜形成的标志便是为庆祝康熙登基（1662年）而开设的聚庆成饭庄。

聚庆成饭庄坐落在估衣街宝宴楼胡同。它和后来陆续开业、位于估衣街通往南运河码头的归贾胡同中义和成、义升成，位于通往侯家后中街宽仅5米、长百余米的江叉胡同中福聚成、聚升成、聚源成，以及侯家后中街上的聚和成、聚乐成两大饭庄，在方圆数百米的地区形成了最初的天津风味的饭庄——“八大成”。

在估衣街地区聚集的津菜大饭庄如此之多，确实前所未有，令人叹为观止。这在全国也是罕见的。出现这种情况是因为以估衣街为中心的北门外大街、针市街、竹竿巷、侯家后中街、锅底街地区是天津最大的绸缎、布匹、皮货、药材、颜料、干鲜货、干海味和猪肉批发市场，侯家后中街地区为全市最大的娱乐消费区。这里“歌舞楼台相望，琵琶门巷，丛集如薮”。加上漕运总督衙门、漕运税收钞关也先后移至这一地区，南来北往的商贾、游客无不落帆驻足，留连徜徉。津菜高级饭庄如此密集，与消费者层次高有直接关系，清代中叶天津诗人周楚良《津门竹枝词》中就有“估衣街内赵洪远，一饭寻常费万钱”和“山珍海错佐香醅，饭馆寻常日两回。馕馅豆筵难下咽，要他冰核炸焦来”等诗句，食客们穷奢极欲，由此可见一班。所以，当时人以“富贵贫贱”形容天津四门，北门因有估衣街商业区而得一“富”字，的确恰如其分。

天津地区风味菜系的八大成饭庄装修豪华典雅，家具餐具高档精美，承办宴会档次分明，美馔佳肴丰富多样，堂柜管理细致有方，厨房内部工种齐全，分工明确，具备了大菜系高级饭庄应具备的条件。

▼ 山西会馆端庄朴茂的建筑。

津菜厨师掌握的烹调技法完备，尤以清炒、油爆、软溜和勺扒见长。其中勺扒技

术，大勺在厨师手中左右开弓，上下翻飞，宛如高难的杂技动作。烹制出的津菜菜品口味以咸鲜清淡为主，酸甜口为辅，兼有小辣微麻，符合北方人的口味，也适应四方宾客的需要。津菜厨师利用天津临海跨河、盛产咸淡两水鱼虾蟹，烹制出季节时令性很强的河海两鲜菜肴。如吃鱼讲究春吃花鱼，夏吃目鱼，秋吃鲤鱼，冬吃银鱼，代表菜品有软溜花鱼扇、官烧目鱼条、罾蹦鲤鱼、高丽银鱼。吃虾讲究春吃晃虾，夏吃大虾，秋吃青虾，代表菜品 有炸晃虾、煎烹大虾，炒青虾仁。吃蟹讲究春吃海蟹，秋吃河蟹，冬吃紫蟹，代表菜品有芙蓉蟹黄、溜河蟹黄、酸沙紫蟹等。这些美味佳肴为津菜所仅有，而且软溜、官烧、罾蹦、酸沙等烹调技法也为津菜厨师所独创。

除八大成高级饭庄外，估衣街西边还有天一坊、什锦斋、会仙居、明庆馆，东边还有慧罗春、燕春坊等津菜大饭庄。因其不只接待成桌酒宴，也接待散座小吃，所以天津饮食行业内称之为二荤馆，它们有着强大的竞争力。后来有的在南市开了分号，有的升格为高级饭庄。估衣街还是津门素菜的发轫之处。其东面大胡同南口的真素楼，为光绪年间开业，金字匾额为严范孙所题，两侧有津门书法家华世奎所题内藏“真素“二字的楹联。其西面落壶洞有素珍楼素菜馆，开设更早，在周楚良的《津门竹枝词》中曾有诗提及。

估衣街还是津门小吃的发源地，号称津门三绝的狗不理包子（侯家后中街）、耳朵眼炸糕（北门外大街）均距估衣街仅一箭之地。其它如清真白记饺子、庆发德羊肉蒸饺、陆记烫面炸糕、明顺昌酱肉、祥德斋津味小八件等名品店铺相隔也不过百米之遥。

饮食文化受到社会经济发展的制约，以估衣街地区八大成饭庄为代表的天津地方风味菜系，随着估衣街地区商业繁荣而在清代末叶达到鼎盛时期。久居津门的河北庆云诗人崔旭（1767-1845）在《津门百咏》中称赞：“烹调最说天津好，邀客且登通庆楼。”天津著名文学家华长卿（1805-1881）在评点乾隆年间天津美食家于扬献写的《津门食品诗序》中写道：“北方食品之多，以津门为最，吴越闽楚来游者，皆以为津门烹饪之法甲天下，京师弗若也。”南社名士胡朴安《中华风俗志》也称：在晚清之际，天津饮食文化“远胜京师”，以至于食客们驱车骑马奔赴津门来满

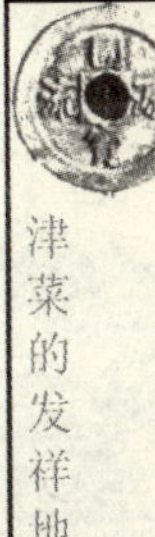

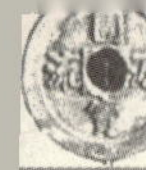

足其口腹之欲。

民国初年，北洋军阀袁世凯不愿离开京津老巢而去南京就任民国大总统，于农历壬子（1912）年正月十四纵兵在京、津、保哗变（史称“壬子兵变”，津门俗称“抢当铺”），将繁华的估衣街地区洗劫焚烧一空。事后，天津的商业中心向南市转移；抗战后商业中心又向南转移到英法租界的滨江道、小白楼一带。估衣街的商业繁华遂成为明日黄花。

▼ 泉祥鸿记茶庄旧痕。

◀昔日真素楼。

早年津门素菜馆——真素楼

谭凤岐

晚清时期，在天津最繁华的估衣街东口有一家素菜馆，名叫真素楼。

真素楼是一位老天津卫人姓张名雨田及其子鸿林所开设。当时天津卫从清朝末年到民国初年专门经营素食的餐馆有十多家、颇有名气的有六味斋、藏素园、素香馆、长素园等，但最有名的还是真素楼。

真素楼设备洁净，价格便宜，服务周到，礼貌待客。在用料制作方面，精心细致，没有一点荤腥。用香蘑、莲子、桃仁、木耳、花菜、春笋、腐竹，腐皮、面筋、素鸡、千张、南豆腐、粉皮、绿豆菜、黄豆芽、油菜、菠菜、龙须菜、山药、白萝卜等三十多种菜类，加工烹制出由一百多样佳蔬精菜组成的整桌菜席，称得起是琳琅满目，风味非凡。尤其引人注目的是用豆制品制成的鸡、鱼、鸭等模样的荤菜，更是颇具艺术特色。

当时真素楼素食馆已是津沽饮食文化的佼佼者，吸引众多津门文化名人前来品味，天津近代教育家林墨青，以真素楼为例倡导素食。清光绪三十二年（1906）真素楼开业之际，天津著名教育改革家、书法家严修为真素楼题写了匾额，并题联云："真是情的元素，素乃谓之本真。"近代名人、大书法家华世奎为真素楼题联云："味甘腴见真德性，数晨夕有素心人。"名人邓庆澜为真素楼题联云："真是六根清净，素无半点红埃。"此外还有言敦源、李容之、朱家宝等文化名人为真素楼题联。这些题联字体潇洒隽永，各具特色，显示了时代书法家的风范。前来真素楼的文人学者、官宦富豪翕然从立，为一时之盛。

▲ 建筑构成错落有致。

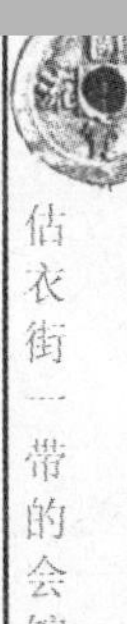

估衣街一带的会馆

方兆麟

天津是个水旱交通交汇之地，自明清以来各地来天津谋生的人很多。久而久之，各地的同乡为互相帮助、沟通信息，便自发地组织起各类联谊同乡的机构，并购地建房，成立会馆，于是会馆成为各地同乡的聚会之所。据记载，天津最早出现的会馆是成立于乾隆四年（1739 年）的闽粤会馆，其后又有江西会馆、山西会馆、中州会馆等等，计约二三十家。但随着历史的变迁，很多会馆逐渐关闭了，到 1956 年市民政局接收时只剩11家。

▶ 商品依然繁茂的老街。

位于老城北门外的估衣街、锅店街、侯家后一带，因地靠南运河，是南来北往船只必经之处，因此这一带不仅成为天津早期的繁华之地，而且也成为南北客商聚集之处，因而这一带的会馆也比较集中。比较大的会馆有：豫章会馆（豫章为江西省别称，因此该会馆俗称江西会馆），成立于清乾隆十八年（1753），原坐落在锅店街，会馆坐南朝北，占地有四五亩之广。1900年庚子之役中江西会馆毁于兵燹，1902年由漕、瓷两运船帮集资重建。此时因城墙已拆，因而新会馆改为坐北朝南，大门开在了北马路，占地面积缩至一亩五六分左右。山西会馆，成立于清道光二年（1822），原坐落在今河北区粮店街，是山西烟行聚议之所，道光七年迁至估衣街，该建筑目前尚存，但已作他用。

离估衣街不远的地方还有闽粤会馆，原坐落在北门西的针市街，坐南朝北，与江西会馆一样，后改为坐北朝南，大门开在了北马路。1956年改为市第二中心医院。怀庆会馆，成立于清同治七年（1868），原坐落在曲店街，会馆坐北朝南，分前后两院，中间有戏楼一座，该建筑在70年代全部拆毁重建为民房。浙江会馆，成立于清光绪十二年（1886），以明代的浙江乡祠为基础，在其附近的北门里户部街购房成立会馆，后迁至河西区汕头路。

锅店街上的江西会馆又称万寿宫，原因是该会馆内供奉着江西南昌人氏许仙，即《白蛇传》中的许相公。因许仙急公好义，在道教中被封为许真君。而南昌的许真君殿在明万历元年曾被神宗皇帝敕封为万寿宫，因此天津江西会馆为慰藉同乡，亦称会馆为万寿宫。当年凡乘船来津、京一带经营瓷器的江西商人，都要到万寿宫来焚香许愿，以求一路平安。民国初年时有“辫帅”之称的“复辟将军”张勋曾担任过江西会馆董事长。

与江西会馆相仿，估衣街上的山西会馆内也供着一位本省籍人氏，那就是关羽。关羽重义气，一诺千金，又武功盖世，自古以来就被人们奉为神明。山西会馆内供着关羽既有求平安之意，又表明自己有周济乡里、扶弱救难之责。傅作义于1928年曾担任过天津山西同乡会名誉会长，后又有曾当过天津市长的南桂馨任会馆董事长。山西会馆的匾额为清道光朝翰林院编修祁隽藻所题。

除上述所说会馆外，当年在三岔河口北岸还有几家会馆，如安徽会馆等。会馆之所以多集中在这一带，一是交通方便，便于往来；二是地当繁华冲要，有利发展；三是许多外省籍客商也都在这一带经商，便于联系。因而各地会馆就多建于此了。会馆作为民间自发的一种联谊性机构，在历史上发挥过一定的作用，特别是对促进各地的经济发展、推动内地与大城市的经济交流做出过一定的贡献。像当年山西会馆所联系的晋商，就曾对天津与山西的经济文化交流起到过很大作用。因此，研究当年会馆的作用与变迁，也许对今天不无可借鉴之处。

▲山西会馆的屋檐。

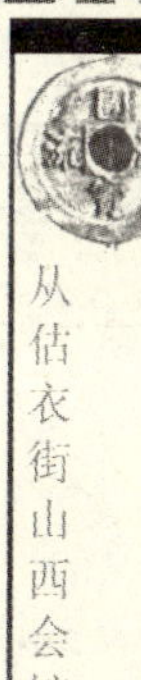

从估衣街山西会馆说起

晚耘轩

潞卫交流入海洋，丁沽风物久闻名。
京南花月无双地，蓟北繁华第一城。
柳外楼台明雨后，水边鱼蟹逐潮轻。
分明小幅吴江画，我欲移家过此生。

这是清代天津著名诗人梅成栋的外祖父、江苏武进诗人朱岷，在康乾盛世接受盐商巨富查日乾之子、另一位天津诗人查

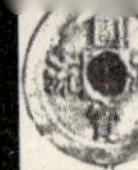

为仁的邀请，定居津门时所表达的心声。这种心声，也恰恰反映了后来成为国内位居上海之后全国第二大商埠的天津，在其城市化的初始期，一个年轻的中心城市对广袤腹地的那种天然的吸引力和凝聚力。正是这种吸引力和凝聚力，使得云贵极边、东南沿海、大江南北、塞外边陲的士农工商、破产流民乃至异国的淘金者，来这里创业和开发。

这些人不顾山高水险，背井离乡，来到生活习俗异趣、举目无亲的陌生环境，其心理压力和生存的艰难可以想见。而我国传统农业文明长期熏陶和积淀的乡土地缘

▼ 山西会馆端庄朴茂的建筑。

亲情、共同的语境、生活习俗和共同的节庆与乡土崇拜神，就成为一种无形的强大的感情纽结。“老乡见老乡，两眼泪汪汪”的民谚，活画出异域人们渴望取得生存互助和感情归属的写照。所以，只要有可能，哪怕是从牙缝中挤出一点钱来，这些异域的人们也自愿捐助属于自己的商帮会馆或公所，这就是在天津东门外和北门外繁华商业街区中，自乾隆四年（1739）建成了与天后宫配套的号称天后行宫的天津第一会馆——闽粤会馆之后，林林总总陆续建成了二十余家会馆的根本原因。这当中特别值得一书的是清嘉庆十二年（1807）在估衣街中间，紧邻范店胡同的第二家山西会馆的建立。它直接关系到目前国内外学术界争论不休的关于山西票号发祥地和山西票号究竟起于何时等重大学术问题。

截至目前，著名金融史专家洪葭管教授、著名经济史专家、我的师友张国辉研究员，北京的一些金融史研究者，尤其是山西大学历史系刘建生教授等，在其近著《山西近代经济史》一书中，还有山西省社会科学院张正明研究员在其新著《晋商兴衰史》中，均列举中外关于山西票号起源年代和发祥地的种种说法，但最终均一致肯定其源起年代为清道光初年，由北京西裕成颜料庄改组为专营汇兑的日升昌票号而来，其创始人当推清嘉庆朝后期任西裕成颜料庄总经理的雷履泰。由此看来，山西日升昌票号出现的年代成了问题的关键。

现在，我们根据新发掘的《天津商会档案全宗》原始记载，对上述问题，尤其是山西票号发祥地和初始年代问题，可以有一个颇为肯定的说法了。

众所周知，山西商人自古就有“跋涉数千里以为常”的习惯，历来享有“伟大的商人和旅行家”之美誉。由英国人起草的《天津海关贸易报告》（1866-1868），甚至称“有麻雀之处就有山西商人”的说法。在天津，山西商人冯承凝、贾汉英等于乾隆二十六年（1761年）就在河东杂粮店街建立了第一家山西会馆，以作为西客烟叶行聚议之所。但随着津晋贸易往来的频繁和山西商人势力的扩大，山西商帮又在天津估衣街建立了第二家山西会馆。《津门保甲图说》绘制的杨柳青镇全图中所标识的杨柳青镇山西会馆，则为第三家。

关于中外山西票号研究者们热烈争论的山西票号起源年代和发祥地问题，我们只要发掘到学术界公认的我国第一家票号

—山西日升昌票号出现的最早时间和地点，就可以解决了。

使这个问题取得突破性进展的是我们在1989-1992年间编纂《天津商会档案汇编·北洋卷》（1912-1928）时，发现在辛亥革命后不久的1912年7月1日，发生了北京山西籍学界人士唐国英等人率京师山

◀ 老街上精美砖雕随处可见。

西众同乡抢占估衣街山西会馆的案件。山西会馆董事李元善（字楚珍）并杂货十三帮行董向天津总商会呈递公禀，申明估衣街山西会馆乃山西旅津商号十三帮集资公建，自与山西全省同乡军学各界无干，该唐国英等尤不应出面干涉。李元善还依据会馆章程重申：会馆不准容留闲人居住公所之内，这在清嘉庆十二年（1807）和道光九年（1829）两次呈请官府获准示禁在案。后来，在1918年6月，又发生了阎守基占据估衣街山西会馆公产案。会馆董事李元善在天津总商会的禀文中又进而申明，山西会馆系由李元善的高祖李芳林联合十三行创建于清嘉庆年间，这恰恰证实了估衣街山西会馆始建年代为嘉庆十二年（1807），因为只有这种关键时刻，才会拟订章程，宣布例禁。而另一会馆董事阎光煜则证实清道光初年曾对会馆大修。这也即说明道光九年（1829）为估衣街山西会馆大修年。这便是该馆于道光九年重申例禁的原因。依据这一系列的原始记载，我们判定估衣街山西会馆的始建年代为清嘉庆十二年（1807），应该是没有疑问的了。

至于票庄业起于何时及我国第一家票号日升昌票号建立年代问题，李元善先祖

李芳林所联络共同创建估衣街山西会馆的旅津杂货等十三帮山西商人，即有票庄帮

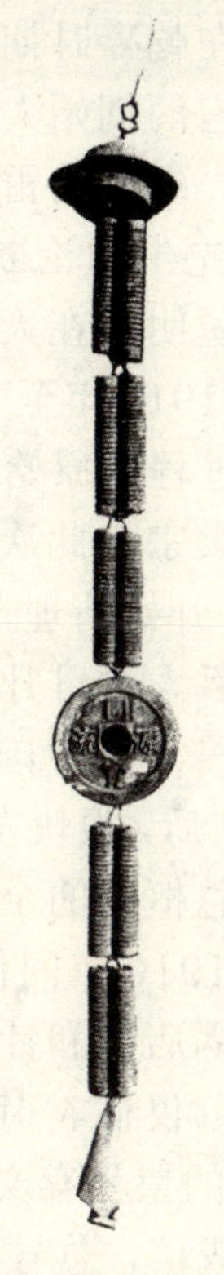

◀ 钱庄银号的幌子。

日升昌的号名，此外还有武茶帮大德玉、颜料帮日兴昌、盐商元吉店、滦城店等。各个商帮都是创建会馆的出资者，是来不得半

点马虎的。所以，根据《天津商会档案全宗》的原始记载，可以认定，山西日升昌票号的起始年代最晚也不会晚于清嘉庆十二年（1807）估衣街山西会馆建立那一年，而且其发祥地就在乾嘉时期的“蓟北繁华第一城”天津。它的创始人即为从四川至天津间贩运颜料、绸缎的雷履泰。著名金融史专家杨端云先生的论断是可以成立的。这里我们特别说明，在天津商会档案三类3372号卷记述1915年至1919年日升昌票号倒闭案理结过程的原始文献中，还有“津埠为该号帐款大宗，此次津号管事雷起泰由平（遥）赴津开始清理”的记载，更反映了雷履泰及其后人对日升昌津号的贡献。

山西票号—这种中国早期银行业的前身，在天津建立后，很快发展到北京，并建立了以京师为总枢纽的全国汇兑网，在天津，票号业在1910年间仍有21家，均设立于估衣街、锅店街和针市街这三条最繁华的商业街上，仅估衣街就有资本总额为白银24.6万两的票号存义公，总号资本24万两的票号志成信，总号资本30万两的百川通，而位于针市街上的中国第一票号日升昌，总号资本达白银38.28万两。在长度不足500米的针市街上，竟开设拥有巨资的山西票号14家。据《天津海关1892-1901年十年调查报告书》的记载，1900年前后天津金融市场流动资金总额达白银6000万两左右，山西票号所占份额竟达2000万两，占总量的三分之一。它们对天津商业、手工业和对外贸易业的放款总额达1100-2000万。山西票号的盛衰严重影响着天津商业市场的荣枯，充分反映了山西商帮商人对于明清和近代天津的开发所作出的巨大贡献。

▶ 精美的雕刻。

万寿宫江西会馆

胡光明

在天津，截至目前保存明清传统商业文

化遗存最厚重的街区——估衣街路南，有一条并不显眼的万寿宫胡同，把估衣街同北马路沟通起来——如将时间回溯一百年，也就是1900年庚子事变八国联军的都统衙门拆毁天津县城之前，这胡同连通的是天津县城的北城根。就在万寿宫胡同北口东侧一家店铺的窗前，竖立着质地洁白的半埋在地下“万寿宫重修碑”。这座光绪二十八年即公元1902年竖立的昭示后人的石碑，成为江西商帮商人与天津人民共同开发建设这座北方重要历史文化名城的历史见证。

我们沿胡同北口前行时，走到万寿宫胡同中间，在两家早点部和小吃店的篷布后面，斑驳的青砖墙和黑漆门楣上方，镶嵌着“豫章会馆”四个醒目的大字。这就是当年足迹遍华夏、名瓷传寰宇的江西瓷帮商人为主兴建的江西会馆。

“江西会馆”称“豫章会馆”，是由于古代江西的行政建制为“豫章郡”，后人为追念家乡得名之久远，赴各地经商的江西商帮商人，多有以“豫章会馆”命名的。

为什么江西会馆又称为“万寿宫”呢？那是因为会馆这一以乡土地缘纽带和共同的经济利益组织起来的社会组织，都有自己的家乡崇拜神。江西会馆的祭祀神多为许逊，即许仙真君。关于许仙真君有不少神话式的传说，说他品德高尚，扶危济困，得道后除掉了残害江西人的孽龙，造福一方，因此江西人都尊许仙为“江西福主”。相传许仙生前年寿高达 136 岁，乡人景仰，万寿宫由此得名。

说起江西商帮北上京津，必须从元明清历朝规模宏大的漕运说起。据著名经济史专家李文治教授研究，清朝初期康熙《大清会典》所载数据统计，有漕各省运漕及耗米总额达 635 万石以上，而江西一省运漕及耗米总额则多达 94.5 万石，占全国漕运量的 15%。明清两代为了巩固漕运队伍，均准运丁免税夹带各地土特产品，赴北方各码头尤其是津京贩卖。而且有清一代官府批准的夹带土宜量越来越大，嘉庆四年(1779)每船准带 150 石，道光八年（1828）又增至每船 180 石。按道光朝有漕船 6326 只计，共夹带免税土宜产品 113．8 万石。实际上，这些漕船夹带的土货早已超过额定装运的漕米量。江西、湖广．浙江的运丁们，不断将漕船加长加高，巍峨如楼宇，成为客货载运船。他们根据航线上各地土特产的不同品种和市场需求，边采购边销售，真是销售一路，采购一路。北上时多为南方手工业制品和特产品，南下回空时的黄豆、粉条、核桃、瓜子、枣子、柿饼等均为土宜。每年仅从南方运至京津的土特产品总量，可达800-900万石之多。

▼ 极具特色的彩绘店面。

这里还需要特别说明，直至清嘉庆年间，南方漕船所超定额夹带的糖、药材、南纸、香料等产品，法律规定都要纳税，但是南方窑货的烧制品法定从来不纳税。由于景德镇瓷器名扬天下，自然是夹带的重要商品之一，逐渐吸引了江西瓷商来津落脚成为“坐贾”的越来越多。据商会档案记载，光绪三十年末

（1904）天津商会成立时，首批入会的江西瓷业商号就有乐盛大、吴协兴、瑞昌祥、协昌明、福记号、修盛魁、增兴德、福康号等八家，第二年又有环注昌、豫盛号、正大号、万聚魁、协和佑等五家入会。寸土寸金的估衣街、锅店街等自然是最佳的设店地点。据1916年 3月天津商会的调查，仅估衣街就设有 4家瓷器庄，即有新昌和、瑞昌祥、修盛魁、复生祥等。为了联络乡土亲情，共同排除“侨居”异地——这是历史档案中山西帮商人使用的语汇——发展事业、谋取生存中的困难，江西瓷商于乾隆十八年（1753）建立了江西会馆。

江西会馆建立后，除了联络乡谊，接济贫困，敬祀神庥外，多次为减轻瓷商捐税负担奔走，为抵制洋货，占领华瓷市场，通过天津商会向官府申述呼吁。宣统三年（1911）4月 18日修盛魁等九家陈述庚子后东洋瓷器纳税额较前减少一半．而江西瓷由江西运津出售共三次纳税、五次抽捐，较庚子前加征10倍，致使东洋瓷大有占领华瓷市场之势，引起直隶劝业道孙多森的同情。直至民国十五年（1926）10月间，众瓷商还特别指明，因中国瓷器中外驰名，洋人视为贵重之品，洋人把持海关征税大权，瓷货征税特重，江西瓷运津，每百元成本纳税90分，而洋瓷到津，税费总计为百元成本仅为 20分，造成洋瓷畅旺，华瓷萧条。估衣街上的江西会馆不仅成为瓷商们商讨本行业大事的聚议之所，全津商界的一些活动也曾在这里进行。瓷商商董们这些活动虽然没有达到直接削减捐税的目的，但是为五四运动前后和20世纪二三十年代如火如荼的抵制日货运动动员了舆论。

◀ 五彩缤纷、拥挤不堪的估衣街。

估衣街与北京大栅栏

张仲

漫步估衣街，常有徜徉京都大栅栏的感觉。所以对外地、外国来的朋友，我常领他们逛逛估衣街，人们异口同声说："呀，好像呀！"

估衣街与北京大栅栏都是世界稀见的古老商业街。估衣街是在元代马头（码头）东街的基址上兴起的。北大关原为码头，至晚清仍称为"马头渡"，志书中有文字有图示，所以前人歌谣中常说"繁华要数估衣街，宫南宫北市亦佳"。《天津地理买卖杂字》小书中也说："估衣街上好繁华。"估衣街可谓与直沽地名而俱来的（但与"直沽寨"关系无考）。大栅栏是明永乐皇帝朱棣定都北京后，为繁荣北京，曾盖了一些房屋，以"召民"与"召商"，在今前门外建了廊房四条街。其中廊房四条店铺林立，最称繁华；在街东、西口设立了铁栅栏，因而廊房四条地名反被"大栅栏"称号所掩。估衣街与大栅栏都是古老的商业街，这是第一个共同点。

▲谦祥益的莲花门。

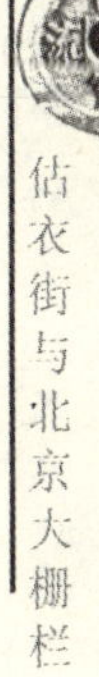

估衣街的店容街景也与大栅栏相近。明清商业建筑物青砖房、筒瓦顶，前檐满敞（便于行人从店外看到内部商品），人玻璃窗；店堂内黑漆大柜台。有的店外还有小院，墙不高，或者墙上还开有漏窗。这是早期估衣街与大栅栏店容的特色。小院是为方便乘驴、马车的顾客停留。两街的绸缎庄门前多有砖雕的广告，书写着："经营呢绒布匹、卡拉哔叽 ……"等字样。京、津在50年代都遗迹犹存。晚清时，估衣街与大栅栏的绸缎店都改成中西合璧的外貌，一般是中式两层楼房，小院，外墙上建有铁花栏杆，直接小院上的铁罩棚顶，既显气派又严密，铁花与外墙装饰很有西洋味。近些年，两街虽然都有拆建、改建，但大体

上还有几处店容保留了清末明初时的建筑风格。

京津的老店、名店云集在估衣街与大栅栏。估衣街有达仁堂，大栅栏有同仁堂，两家中药铺原来都是“乐家老店”，虽在市内繁华街道，两家药店原来都店前是小院，店堂是青砖瓦房，进店后有大柜台，柜台内依墙而立的是药柜，柜顶摆着一拉溜的青花“将军罐”，柜中小抽屉面上刻着中草药的药材名称，一股中国民族商业商俗的馨香扑面而入顾客的感觉。再如山东章邱旧军镇孟家开设的瑞蚨祥绸缎店，北京大栅栏设有商店，天津估衣街也设有商店，都是老牌匾老字号，因此组成了闻名全国的“八大祥”。两街上也有别的名店，北京的内联升鞋店，开设已有数百年，过去以制“朝靴”闻名，现在依然生意兴隆。天津估衣街的饭庄也执天津同业的牛耳，如“估衣街里赵洪远，寻常一饭费万钱”。左近的归贾胡同、侯家后更是天津名饭庄“八大成”中数家名店的所在地。商业街上必须有老店、名店做支撑，估衣街与大栅栏在这一点上

▲ 老店门前。

也是相同的。

大栅栏有北京城找不到第二家的长和厚绒鞋铺；天津估衣街与万寿宫胡同北口处，也有一家津城唯一的成记丝线铺。毛毡皮货也是两街的特色商店，它处没有。

估衣街与大栅栏在民俗活动上也有相同之处。旧历正月十五是灯节，所谓“满城灯火耀街红，弦管笙歌到处同；真是升平良夜景，万家楼阁月明中”。京、津都有逛灯之俗。北京原在灯市口、四牌楼，辛亥革命后，大栅栏的大门脸高挂彩灯，成了新灯市。无独有偶，天津估衣街正月十五看灯也成了一景（清代在乡阁前），悬挂的多是纱绢的方灯，上绘各种讽世的漫画。火树银花，城开不夜，游人如织，这一节俗，估衣街与大栅栏也是相同的。

到了20世纪尾声，天津人到北京，北京人到天津，如果逛估衣街或大栅栏；都会惊异地发现，“这两个地方怎么这么像”！

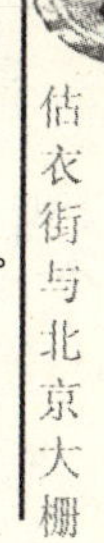

▼ 完美的建筑，显示当时的辉煌。

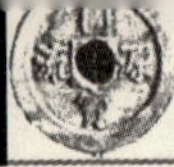

▲ 锦章绸布店的天井。

估衣街的文化韵味

谢存礼

记得童年时北大关外的估衣街上店堂林立、客流如潮，买卖兴隆、热闹非凡。充分显示了当时天津作为北方商贸中心的一派繁荣。当年的估衣街上买卖为何异常火爆，顾客为何人流如织，商号为何日进斗金，街面为何花团锦簇。除了因为地理位置好，著名商店多，货源品种全，经营资金足等原因外，文化品位高也是这条小街兴旺繁荣的重要原因之一。

首先是估衣街上有高文化品位的文化商品。同升号工艺泥塑店就是在全国享有盛誉的“泥人张”张明山经营的。张明山作为“泥人张”艺术的首创者从中国画艺术和戏剧艺术中，汲取了艺术营养，使自己的泥塑作品个个传神，惟妙惟肖。在店里摆卖的作品有红楼佳人、梁山好汉、现代人物等个个栩栩如生，令人留连忘返。估衣街上还有瓷器店5家，同泰祥、瑞昌祥等瓷器店都是专门经营江西景德镇的名瓷。“八仙祝寿”、“五子登科”、“钟馗嫁妹”、“大肚弥勒佛”等瓷人像令人叫绝。“八八上席”用的万寿无疆餐具使人眼花缭乱。天津市各大饭庄用的各种餐具都从这里购买。估衣街的纸张文具店也很多，以文美斋、杜经魁、戴月轩、翰墨斋、德聚魁等八家为最有名。他们经营生熟宣纸、毛边纸、描金喜寿对联纸张，书画家常用的徽墨、歙砚、湖笔、印泥以及古色古香的线装书籍应有尽有，不仅每天吸引了许多文人墨客、名书画家驻足，也招徕了中小学生、教职人员的光顾。

其次是估衣街各大商号的商品含有深厚的文化底蕴。谦祥益、瑞蚨祥、锦章绸缎庄、华竹绸缎庄、元隆绸缎庄、敦庆隆绸缎庄经营的各种绫罗绸缎、呢绒布匹色彩艳丽，品种齐全，图案新颖，琳琅满目。这些商品的本身就具有丰富的文化内涵。欣赏绸缎的花纹图案，就像欣赏精美的画卷，使人爱不释手。此外有的商家还经营高档的细毛皮货，有的还经营男女寿衣，袍褂靴帽，凤冠霞帔样样齐全。

其三是估衣街的商号店堂的店容店貌文化品位也很高。谦祥益、瑞蚨祥等大商号，临街都是高墙大门，进门后是大罩棚。门脸在大罩棚内，著名书法家题写的店堂名匾高悬

▼ 年代已久的老字号。

▲ 老时匾额。

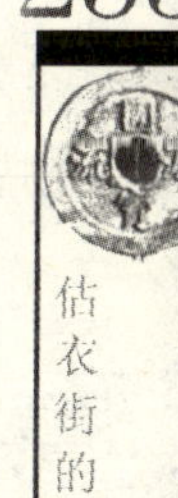

门脸之上，售货的场地很大，商品全是摆在四周敞架售货。中间是两排古色古香的太师椅，南墙下摆着八仙桌，古瓷器，中堂画，上下对联。东西两面的花梨木条案上摆着自鸣钟、成窑古瓶和紫石古镜。东山墙挂着工笔花鸟四扇屏，西山墙挂玉雕八仙人玻璃镜。大罩棚下挂着宫灯。顾客们在这样优雅的购物环境内，即使不买商品，逛一逛，看一看，也使人心旷神怡。

其四是估衣街各商号的经营作风上讲文明礼貌，说话和气，服务周到。这里店堂的售货员讲究售货艺术和语言艺术，都各自有自己的售货经验，都有一套售货本领。他们不仅懂得商品的质量、性能、特点和产地，而且懂得做什么衣服用多少料。特别是有经验的老店员，他们接触顾客几句客气话后，便

能很快就掌握了顾客的购物心理，想买什么样的衣料，想买哪里产的产品，于是自始至终陪着顾客到各个货架上挑选商品，并主动介绍新产品的特点和优势，千方百计满足顾客的要求。对买得多的顾客，店员还主动倒茶奉烟。顾客走时，店员一直送到大门口，躬身道别。大商号还有为顾客“送包”的惯例，就是把顾客买的东西给送到家，顾客买的东西，往往有的不便带走，有的带的钱不够，不管什么原因，不管买的东西多少，凡是顾客要求送去的都一概送到家中。这样主动热情的服务，这样待客如亲人的态度，怎能不使估衣街上的买卖日益兴隆。

◀ 旧时的商品广告。

估衣街广告文化旧影

由国庆

作为老天津重要的商业中心街区，估衣街繁盛的商业活动为传统广告文化提供了广阔的发展空间。老天津商业广告似颗颗深海明珠，等待我们去发掘，而尘封的估衣街广告旧影正是其中璀璨的一颗。

幌子、悬帜是商家广泛采用的传统广告形式。估衣街大小商铺为招徕顾客，多爱悬挂不同的幌子，同升和、凤祥、清昌顺、联兴富等鞋帽店的靴鞋幌；达仁堂、乐仁堂、万全堂、仁育堂等药铺的膏药幌，寓意或象形，灵动飘逸，五光十色。有的颜料庄幌子更富意趣，屋檐下有序地挂排长约六十厘米，水杯粗细的大棒槌，周身漆彩各异。它不仅形式出奇，风吹棒碰还发出木琴般清脆悦耳的

美妙声响。正如天津有歇后语说“颜料店的幌子——花里棒子”。

天津商家历来视匾额为脸面的象征，它一旦树起来就有了相当的法统地位，被看作传家之宝。旧时，鳞次栉比于估衣街两侧的商铺牌匾，俨若书法展览一般。艺术风格上具有较强的丰富性与包容性，这与天津“五方杂处”的码头文化特性是息息相关的。为营造良好的商业形象，以利竞争，街上一些绸缎庄对匾额的设置攀比亦几成白热之势。谦祥益老板当年费尽心机请北京恭王府大管家王埒题匾。正如店家所料，揭幕后一时倾倒众人，引起轰动，天津《北洋画报》的专题报道更使其名噪多日。而其它同行也不甘示弱，纷纷请政界名流、功名之士书匾。瑞蚨祥请朱益藩题字，锦章绸缎庄的匾额是何维模的墨迹。敦庆隆绸缎庄更是棋高一招，不惜重金请津城声名显赫的大书法家华世奎题写字号，赢得了极佳的广告宣传效果和社会形象。另外，估衣街“德昌公颜料庄”也是华先生之墨宝。还有万全堂(李鸿章题)、瑞林祥(田智枚题)、宝

▼ 威严的老建筑。

▲ 最为完整的砖刻，精美绝伦。

明斋（杜宝桢题）以及山西会馆(祁隽藻题)等举不胜举的名匾同样为人仰慕。不仅如此，它们在制作上也颇具地域文化特色。因天津是北方著名的砖雕之乡，故石匾的花边饰以砖雕作品曾广为流行。百年风雨后，我们时下仍有幸目睹的如“谦祥益”、“瑞蚨祥”和“瑞昌祥”等老匾，就是很好的代表作。魅力无尽的块块老匾早已成为老天津商业发展的佐证；早已成为老天津广告文化史的重彩华章。

随着老天津印刷广告的发展进步，同升和、敦庆隆、范永和等知名大商号也依变化的销售情形而不断聘请高水平的设计师设计招贴广告画，往往同一家商号有风格不尽相同的数幅招贴问世。同升和还派员到京奉、津浦、京绥铁路沿线各省市农村去张贴广告，扩大影响，为天津广告走向全国起到了积极作用。估衣街商家在二三十年代同样是津地红红火火的报纸广告的投入者。除上述一些商家外，老九章、元隆、锦竹、玉明斋及各大药店等均值得提及。一幅幅创意精美的大小广告频繁亮相于天津《益世报》、《醒华日

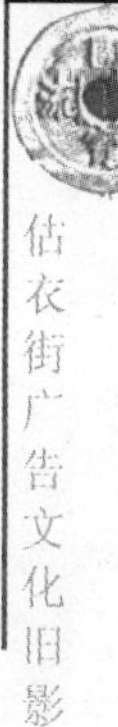

报》、《时闻报》、《北洋画报》等各家报章，传递给读者商品消费信息，刺激了市场购买力的提高。逢节日、纪念日也不乏公益广告。浏览那一则则广告，不难想象当时估衣街销售与经营的火爆。

市场竞争激烈的各绸缎庄竞相刊载各类广告的同时，广告术更是五花八门，各显神通。估衣街紧倚运河，一些绸缎商便在自家运货的“集船”桅杆上挂以巨制布标广告，百舸争流，蔚为壮观。而街内“大放盘”、“大减价”之举仍不过瘾，甚者便亮出了“白送一天”的广告语。海河水塑造了天津人的幽默与豁达，也有商家广告匮乏时不免与消费者开个善意的玩笑。某绸缎庄的“五猫赛卖会”就是一例。当顾客纷纷前往猎奇之时才发现橱窗内五只玩具猫下字条广告曰：各种绸缎每尺五毛(角)大赛卖。

朝花夕拾，追寻百年估衣街商业广告的足迹与旧影，鉴往知来，从文化的角度审视和透析这一切，对更好地研究老天津广告文化的辉煌过去，憧憬未来同样有着重要的价值。

▲ 与估衣街相连的江叉胡同。

抗日药品秘密供应站——中西大药房

史伟

提起繁华而又古老的估衣街，天津人几乎没有不钟情的。是啊，早年的估衣街至少在商业贸易上代表了那时天津的形象、天津的兴旺发达和天津的经济地位。估衣街与天津人的生活是那样的密切，在天津人的心目中，估衣街似乎是一个永远抹不去的记忆。

可是一百多年来，估衣街却因其富有饱尝了屈辱、痛苦的磨难。第二次鸦片战争期间和八国联军侵华战争期间，估衣街成了列强肆意劫掠的目标；民国初年，估衣街又被国内的军阀焚掠。一些大的商家不得不采取防范措施，像估衣街的集义栈，就在栈房里设有地道，以防不虞。

七七事变后不久，天津沦入日本帝国主义的魔掌。为贯彻中共中央“隐蔽精干，长期埋伏，积蓄力量，等待时机”的方针，北方局组织地下抗日力量陆续从天津撤出，分赴各地，开展游击战争，开辟敌后抗日根据地。市内的秘密抗日工作则由冀中、冀东和渤海等根据地直接领导。

日本对天津的统治非常残暴，经济上实行野蛮的直接掠夺，市

▼ 老街的高墙防火又防盗。

内绝大多数工业部门和郊区的粮食生产全部纳入战时经济体制下的军事管理;同时,依靠刺刀建立起恐怖的殖民地统治秩序,接二连三地实施以清剿共产党为主要目标的“强化治安运动”,对天津周围的抗日根据地不断进行军事扫荡和经济封锁,在天津市内及周边地区设立了几十处检查所,建立了巡逻检查班,到处盘查外流物资,以防流入抗日根据地。

估衣街一带当年曾是天津通往华北各地的水旱码头。为了控制天津的水路交通,日本驻屯军专门组织了水陆警备部队。不过在押运驶往冀中一带的船只时,行至杨柳青或独流一带,常常遭到当地土匪的阻截,由于船上的日本兵太少,东西被抢也不敢上岸穷追;然而有时碰到土匪的盘问或刁难,船夫们用青帮里的黑话往来回答,连船带人就可以放行。日本人由此看到了青帮在运河上的势力不小,于是想方设法拉拢青帮为己所用。不久,他们了解到称霸于河北大街和大红桥一带的青帮“大”字辈老头子吴鹏举(江苏沛县人,江淮泗帮帮头,后来组织青帮团体“安清道义会”,自任会长)是个头面人物,于是收买了吴鹏举,让他主持成立了“天津内河航运公会”，并在沿河各码头设立办事处，张贴告示，亮明该公会是青帮的团体。翌年，日本人又唆使天津的青帮组织河防队，武装押运船只，还在船首悬起“航运公会”的大黄旗。河防队的司令部就设在河北李公祠。

当时天津的大红桥码头是各种物资输送到冀中抗日根据地的主要转运站，粮食、印刷设备、各种医药和医疗设备大都由此运送出去。负责收集和转运粮食的秘密据点主要是设在英租界狄更生道（今徐州道）的义聚合米庄；负责生产和供应根据地所需文具、纸张、油墨和印刷工具的是河北大胡同的义顺兴工厂（原大胡同98号），而负责为根据地提供药品、尤其是贵重药品和医疗器械的，便是开设在估衣街东口（102号）的中西大药房。附带说一句，国人经营西药，就发端于估衣街，所以当时天津西药业的同业公会就设在估衣街范店胡同19号。

可是把持着大红桥码头的却是天津青帮里的“双龙头”姜般若。提起姜般若，在当时天津的黑社会里颇具些神秘色彩。此人于光绪十五年（1889）出生在直隶（河北省）青县的兴济镇，他的父亲曾是天津著名的怡和斗店的资东，后因家道中落，遂

◀ 街灯的影子孤独地摇晃在老街的上空。

把斗店倒给了小同乡、天津新泰兴洋行买办宁兴普。姜般若早年就读于南开学校，据说参加过辛亥革命，民国初年一度担任南开学校的校监。1920 年到法国勤工俭学，结识了后来成为国民党中坚人物的高阳人李石曾（清大学士李鸿藻的后裔），回国后任职于北京中法大学。大革命时期，经李石曾介绍，姜般若加入了国民党，并担任过国民党天津市党部的联络员。不知为什么，后来却遁入佛门，1934 年他又在南方

加入了洪帮。不久姜般若回到天津，设法发展洪帮势力。也许是因为他自己有一点文化，于是便开办了一所育德书院，以扩大影响，特别是在读书人中的影响。接着他在天津设立香堂口，自立山头，名为“太行山兴和堂”，成了山主；他还利用这个组织多次摆设香堂，拉拢地方上的青帮势力，收为兄弟，并与河北大街世袭脚行头子巴延庆结为金兰，使这些人也都成为身兼青、洪两帮的“双龙头”。由于姜般若无论在哪个“道儿”上都是吃得开的人物，所以要想使各种物资顺利地由大红桥码头经运河送往冀中抗日根据地，非设法争取姜般若不可。

沦陷期间，党的地下工作分为工运、学运和民运三个系统，争取姜般若的工作由冀中九支队所属的民运系统负责组织进行。当时，民运系统有一位年轻的少数民族党员，出身于天津有名的世家，他的父亲在南开学校读书时与姜般若是同学，后长期从事技术工作，为人豁达正直，很有社会威望。姜般若毕竟是个久闯江湖而又有智识的人，经过多次接触，他们向姜般若晓以民族大义；当时正值抗日战争后期，日本侵略者已渐渐日暮途穷，凡稍有爱国之心者不能不为所动。就这样，抗日根据地所需的各种物资得以由大红桥码头不断运到敌人后方，有力地支援了根据地的抗日斗争。估衣街上的中西大药房一直营业到解放以后，当年曾在中西大药房担任司药的姚竣同志在20世纪80年代出任天津市副市长，后来调到全国人民代表大会常务委员会工作。

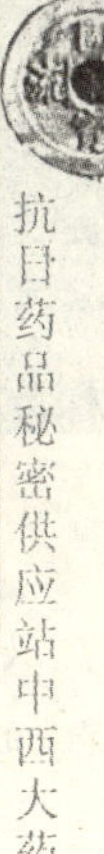

▲ 保存完好的墙体上的砖刻。

天津总商会的爱国行动

谭凤岐

在估衣街中间的万寿宫处，1903年天津总商会在这里成立。总商会成立不久，即于

1906年在这里举行了商品观摩展览。1916年总商会在这里召开反抗法国帝国主义侵占国土、维护国权国土公民大会。1919年5月4日北京爆发了“五四”爱国运动，消息传到天津，爱国学生及各界进步人士、广大群众集会，举行爱国示威游行。当时天津的爱国商人也积极响应。天津总商会及其所有商会成员，举行罢市，成立“工商界救国十人团”提倡国货，毅然决然召回各大商家的驻日坐庄代表，自动焚毁大批日货。

1919年5月7日天津总商会致巴黎和会中国专使电，电文如下：“……日人对于我国青岛，无条约根据，承袭德人之后，竟强占不归，殊与我国领土主权攸关。刻全国合力协争，期于必达目的；使日人将青岛完全归还。用特电恳诸公力为主张，勿稍退让，必将青岛收回，收保领土。”

1919年5月10日商界“救国十人团”在估衣街商会处成立，其宗旨是：抵制日货，普及国货。5月12日天津学、商、教、绅各界筹备公民大会在总商会召开，会议内容：（1）青岛力争办法；（2）电请中央罢免卖国贼；（3）致电巴黎代表勿签字。

1919年5月19日天津各大商号在日本的坐庄购货者自日本大阪联合致电总商会

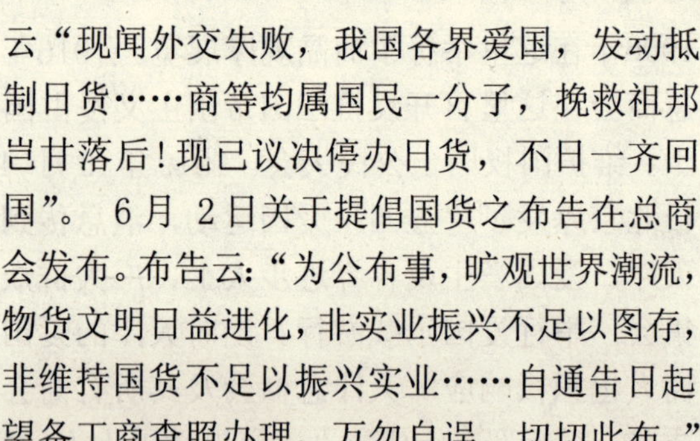

云“现闻外交失败，我国各界爱国，发动抵制日货……商等均属国民一分子，挽救祖邦岂甘落后！现已议决停办日货，不日一齐回国”。6月2日关于提倡国货之布告在总商会发布。布告云：“为公布事，旷观世界潮流，物货文明日益进化，非实业振兴不足以图存，非维持国货不足以振兴实业……自通告日起望备工商查照办理，万勿自误，切切此布。”

1919年6月5日天津数千名学生在南开中学操场集会，抗议北京政府拘捕学生代表，并到直隶公署请愿，提出释放被捕学生代表，争回青岛主权等要求。连日各大中院校学生潜出校门，结队游行。6月9日在河北公园召开天津各界公民两万人大会。6月10日天津总商会宣布罢市。商界罢市得到各界人民的支持。天津总商会急电北京政府，要求严惩国贼“以谢国人”，北京当局迫于形势，罢免了曹汝霖职，天津总商会即于6月11日复市营业。

娄凝先在山西中学

王慰曾

1945年抗日战争胜利后，有一所“私立山西旅津初级中学”在估衣街的山西会馆里成立，通称“山西中学”。从街面上看，山西会馆只有一个大宽门洞和一条长长的通道，而左拐到里边，则又有操场、礼堂和多所院落，院内早有一所山西小学，又有山西同乡会，故出出进进的人较多。这里想着重向读者介绍的是，山西中学成立不久就成为中共地下工作者的一个“据点”。有四位“地工”以教职员的身份为掩护，从事党的秘密工作，他们是：于致远、娄凝先、蒋子绳和张石麟。其中于致远、娄凝先是当时地下党领导成员。从1947年到天津解放初期，我曾在这所中学兼过历史、地理课教员，和他们都是同事关系，但和娄凝先最熟，故对当年这位化名“路雨新”先生的情况略知一二。

山西中学为山西旅津同乡会所办，董事长为樊世荣，经营德昌公颜料庄，学校的财会、总务部门负责人均由晋籍人士担任，所以学校有一定的商业氛围。校长傅秉鉴，字镜如，天津体育界人士，曾任过市教育局督学，有一些知名度，由他支撑校务和对外联络等，教务主任蒋子绳，也曾任过教育局督学，他和我的堂兄系北大同学，我是由他介绍去的。

当时我在新生晚报工作，故兼课的课时都要求安排在早晨第一节课，教课后去上班，两不耽误。恰巧，娄凝先的国文课也多安排在第一节，据他说课后要到河北区五马路的李祖膺律师事务所去“上班”(李祖膺在解放后曾任我市一个区的法院院长)。

▲ 今日依然存在的老建筑。

在山西中学时，“路先生”衣着讲究，挺有气派的。冬天常穿黑礼服呢面水獭领大衣，戴土耳其式皮帽，架银丝眼镜；夏着白罗衫或浅色西服，顶白色斗帽，离校时换黑太阳镜。无论冬或夏，随身带一黑色大皮包，须臾不离。他待人和气，言谈得当，颇符合教师或律师身份。但在接触中，这位“路先生”也偶有使我感到“意外”的地方。如有时离校不远，又突然说回校办事，重返校内；有时去河北区不直走大胡同而绕行鸟市或侯家后。还有一事，大概发生在1947年冬季，“路先生”放在教员预备室的大衣突然丢失，而他流露出来的不是失物破财的懊恼，而是一种惊、警、疑、恐的复杂神态，尽管第二天他就又换上了一件颇为讲究的大衣，但那种异样的神情过了一段时间才恢复常态。

临近天津解放时，“路先生”主动和我谈话较多，曾似无意地问起《新生晚报》的创办情况、社长姓名、采编发行等事，还问过排字、铸版和印刷过程。我曾以惊异的口吻问过:“您很内行呀！”他则以“有朋友干过”等话作答，应对自然。当时，他给我留下的印象更是广交游、谙世事，莫测高深。

天津解放不久娄凝先任市人民政府秘书处长时，曾向《新生晚报》的一位记者打听过我的情况，并请转问候。我解放后第一次见他是在1949年8月，当时他还主动把我介绍给杨振亚副秘书长，说和我是在山西中学时相识，又说他“丢大衣的事”我知道。直到1954年，一次他审完我报道的稿件后，主动向我讲了“丢大衣”的“内情”：原来他的皮包里装有尚未发出的《新华社新闻通讯稿》，大衣一丢，以为是敌特跟踪破坏，所以很紧张了一阵子。至此，我才对“路先生”当时的神情化解了疑惑。

娄凝先同志早年就读于北京大学，参加革命后长期在北方从事秘密工作。抗战时期曾担任过晋察冀边区政府秘书长和晋察冀日报副总编。解放后除相继任市人民政府秘书长、副市长、南开大学副校长、市政协副主席等职外，还任过市政府新闻处处长。1984年逝世。他不仅是我市的一位老领导干部，也是新闻界的老前辈，现借征文机会记下他在山西中学的活动片断，留下他在天津从事地下活动的一段史料，也寄托对他的深切怀念。